U0142419

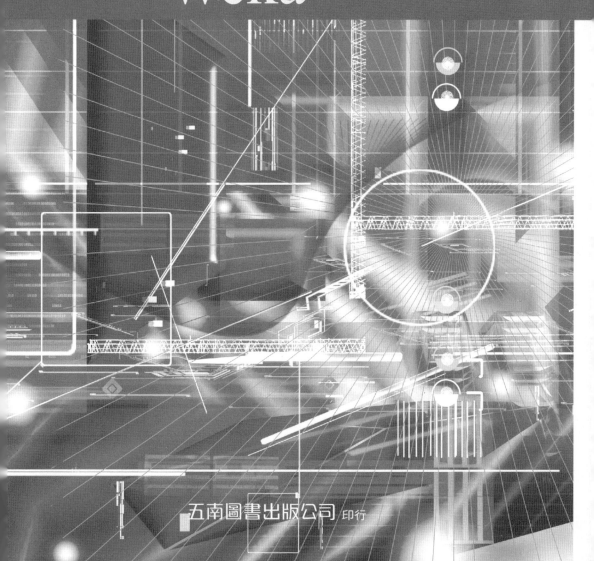

機器學習入門
──Weka

劉妘鐔 著

五南圖書出版公司 印行

序言

隨著新科技的興起和軟硬體的快速進展，在數據分析與機器學習的資訊科學領域中，日新月異的演算法發展始終讓人驚嘆，但要能發揮演算法的效能，往往需要借助於工具的應用以得到時間上的效率，像 R、Python 以及 Weka 都是近年來頗受關注的編程工具，然而若要針對特定問題的處理與解決，就必須透過客製化程式才容易達成，這對於沒有程式設計經驗的初學者來說，是會有一定的進入障礙。不過 Weka（Waikato Environment for Knowledge Analysis）內建的演算法套件就能協助想要了解數據分析與機器學習的初學者們，能快速掌握數據分析的基礎觀念與應用。

Weka 是紐西蘭 Waikato 大學機器學習實驗室用 Java 專為「資料探勘與機器學習」所開發的應用軟體，其限制在 GNU 通用公眾授權條款的條件下發布，是款開源軟體，且幾乎可以運行在所有的作業系統平台上，包括 Linux、Windows，以及 Mac OS 等。它內含完整的資料探勘處理流程：(1) 資料預處理工具、(2) 機器學習演算法、(3) 成效評估方法、以及 (4) 資訊視覺化報表摘要。其最大的優點在於跟主流的程式語言一樣，兼具圖形化的使用者介面以及輸入指令的操作介面，因此無論是初學的新手或是高手都可以充分運用與使用，甚至進而對既有功能依個人的創建進行改良，讓你能透過維護開源程式碼自我挑戰，因此，Weka 的功能套件也持續地藉助於全球各地的編程高手擴充新的演算法。目前 Weka 的最新版本是 3.8.6 版。

Weka 於 2015 年獲得 SIGKDD 資料探勘與知識探勘大獎。所謂知識探勘，就是從資料庫中抽取隱含的、未知的、具有潛在應用價值的資訊的過程。知識探勘是 KDD 最核心的部分。知識探勘與傳統分析工具不同的是知識探勘使用的是基於發現的方法，運用模式匹配（pattern matching）和其他演算法決定數

據之間的重要聯繫。

　　本書《機器學習入門──Weka》採用簡明的方式講解 Weka 的應用，讓對數據分析與機器學習有興趣的初學者能在最短的時間內掌握 Weka。此外，本書內容難免有不足之處，建議讀者們能再進階深入閱讀其他相關書籍。最後，我要感謝東海大學企管系陳耀茂教授在我撰寫本書的過程中，給予我許多機器學習方法應用上的建議，使得這本書才能順利完成。

劉妘鐏

目錄

第1章　Weka 的安裝與主要功能

本章內容

1.1 何謂 Weka

Weka（Waikato Environment for Knowledge Analysis）是紐西蘭 Waikato 大學利用 Java 所開發的「機器學習工具」。Weka 屬於開源軟體，只要你有興趣就能自由使用，甚至想改良相關功能也有開源程式碼讓你進行調適。另外，除了指令操作介面之外，Weka 還提供了圖形使用者介面（GUI: Graphical User Interface），較易操作與理解，只要有心學習數據分析，就可以從 Weka 開始。

1.2 下載 Weka 與安裝

以下說明如何下載 Weka 與安裝的步驟：

【步驟 1】 於 Google 的搜尋畫面，輸入「Weka」關鍵字，開始搜尋。

【步驟 2】 在下圖畫面中，按一下「download」。

【**步驟 3**】　於右方框中點選「Developer version」下方的「window」，接著於主畫面中的左上方「Developer version」下方的 window 按一下「here」。

【**步驟 4**】　按一下「download」。

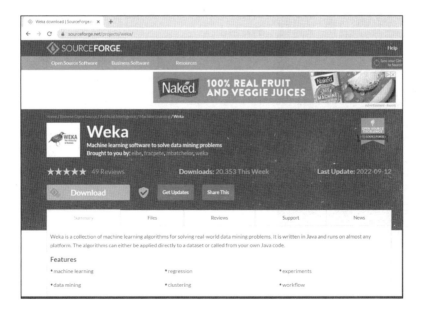

【步驟 5】 出現「另存新檔」視窗，按一下「儲存」。

【步驟 6】 出現「安裝畫面」，按一下「Next」。

【步驟7】 接著，按「I Agree」。

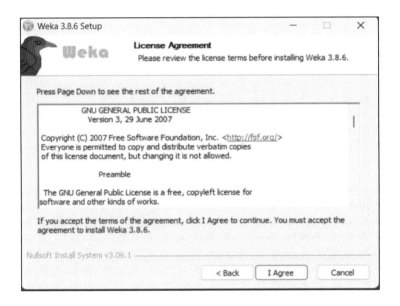

【步驟8】 按「Next」。

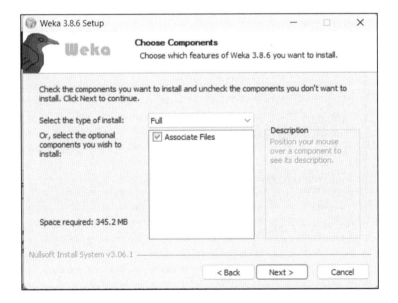

【步驟 9】 按「Next」。

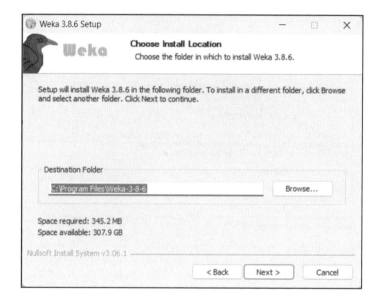

【步驟 10】按「Install」。

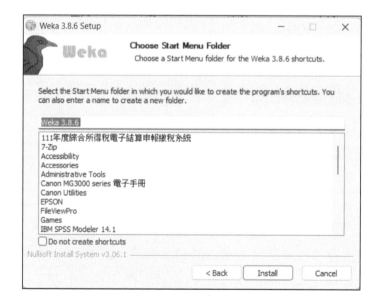

【步驟 11】按「Next」。

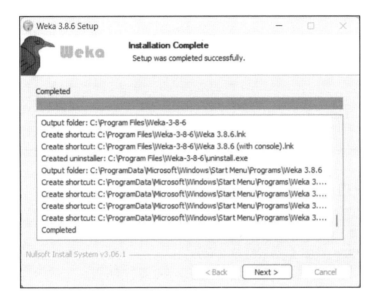

【步驟 12】按「Finish」。

1.3 啓動 Weka

下載及安裝結束後，電腦的磁碟 C 中的 Program file 中即新增了 Weka3.8.6 檔案夾。以下按步驟進行確認。

【步驟 1】 找出磁碟 C，Window (C:)。

【步驟 2】 於 Program file 中看到已安裝的「Weka 3-8-6」資料夾。

SDAP811	2023/2/15 下午 09:14	檔案資料夾
TeamViewer	2023/5/25 上午 03:16	檔案資料夾
VideoLAN	2023/2/18 下午 06:28	檔案資料夾
Weka-3-8-6	2023/5/20 下午 03:22	檔案資料夾
Windows Defender	2023/2/14 下午 03:35	檔案資料夾
Windows Mail	2023/1/24 下午 05:11	檔案資料夾
Windows Media Player	2023/2/15 下午 06:52	檔案資料夾
Windows NT	2022/5/7 下午 02:01	檔案資料夾
Windows Photo Viewer	2023/2/14 下午 03:35	檔案資料夾
WindowsPowerShell	2022/5/7 下午 01:42	檔案資料夾

【步驟 3】　將滑鼠移至 Weka 資料夾上，按右鍵，選擇「傳送到」桌面。

TeamViewer	新增至 VLC 媒體播放器的播放清單	
VideoLAN	以 VLC 媒體播放器播放	
Weka-3-8-6	7-Zip　　　　　　　　　>	
Windows Defender	使用 Microsoft Defender 掃描...	
Windows Mail	授與存取權給(G)　　　　>	
Windows Media Player	還原舊版(V)	
Windows NT	加入至媒體櫃(I)　　　　>	
Windows Photo Viewer	釘選到開始畫面(P)	
WindowsPowerShell	複製路徑(A)	
WinRAR	傳送到(N)　　　　　　　>	TeamViewer
WinZip	剪下(T)	文件
	複製(C)	桌面 (建立捷徑)
	建立捷徑(S)	郵件收件者
	刪除(D)	傳真接收者
	重新命名(M)	壓縮的 (zipped) 資料夾
		藍牙裝置

【步驟 4】　進入「Weka」資料夾後，會看到一個「data」資料夾。

名稱 ^	修改日期	類型	大小
changelogs	2023/5/20 下午 03:22	檔案資料夾	
data	2023/5/20 下午 03:22	檔案資料夾	
doc	2023/5/20 下午 03:22	檔案資料夾	
jre	2023/5/20 下午 03:22	檔案資料夾	

→　∨　↑　　本機 > Windows (C:) > Program Files > Weka-3-8-6

【步驟 5】 data 資料夾中存放著如畫面所示的 *. arff 檔案。

名稱	修改日期	類型	大小
本機 › Windows (C:) › Program Files › Weka-3-8-6 › data			
airline.arff	2022/1/25 上午 11:06	ARFF 檔案	3 KB
breast-cancer.arff	2022/1/25 上午 11:06	ARFF 檔案	29 KB
contact-lenses.arff	2022/1/25 上午 11:06	ARFF 檔案	3 KB
cpu.arff	2022/1/25 上午 11:06	ARFF 檔案	6 KB
cpu.with.vendor.arff	2022/1/25 上午 11:06	ARFF 檔案	7 KB
credit-g.arff	2022/1/25 上午 11:06	ARFF 檔案	159 KB
diabetes.arff	2022/1/25 上午 11:06	ARFF 檔案	37 KB
glass.arff	2022/1/25 上午 11:06	ARFF 檔案	18 KB
hypothyroid.arff	2022/1/25 上午 11:06	ARFF 檔案	304 KB
ionosphere.arff	2022/1/25 上午 11:06	ARFF 檔案	79 KB

■ Weka 的啓動與畫面

點一下 Weka 的圖像，即顯示 Weka 鳥的畫面。

1.4 Weka 的主要功能

本書採用英文版本進行說明，畢竟利用英文版才能以最快的速度取得 Waikato 大學發布的最新版本。不過，Weka 也有中文版可以使用喔。雖然，英文版的專業用語或許不易了解，但本書會儘量以簡易的方式進行解說。

■ Weka 的 Explorer 的主要功能

就先以最上方的頁籤（tab）進行說明。

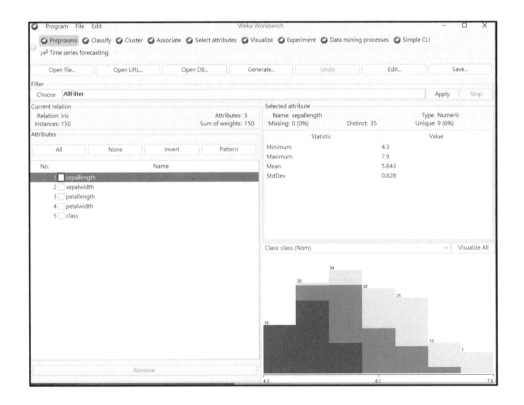

各個頁籤的說明：

1. Preprocess（預處理）	開啓檔案時使用
2. Classify（分類）	驅動機器學習時使用
3. Cluster（分群）	可以求出數據各屬性的平均
4. Associate（關聯）	用於求出相關等地規則時使用
5. Select Attributes（選擇屬性）	尋找有關屬性的資訊時使用
6. Visualize（視覺化）	能做出二維圖形，主要以視覺化的方式呈現相關係數的相關矩陣

Weka GUI 上出現的重要用語：

batchSize	數據數量變多時效率會降低。batchSize 是分成數個數據處理（batch 處理）時的數據數量。通常計算是以隨機計算爲原則	預設值 = 100
BinarySplit	名義屬性（名義變數）的變數可否分枝爲 2	預設值 = False
CollapseTree	直譯爲崩壞，但可否收縮至無法再進一步 tree 化	預設值 = Tree
confidenceFactor	「修剪決定樹的信賴指標」是「數值愈小選愈多」	預設值 = 0.25
debug	是否要返回操作介面的資訊	預設值 = False
doNotCheckCapabilities	不檢查識別資訊	預設值 = False
doNotMakeSplitPointActualValue	Split（分枝）	預設值 = False
minNumObj	葉的最小樣本數	預設值 = 2
DumDecimalPlaces	小數位	預設值 = 2

numFolds	數據分割的組數	預設值＝3
reducedErrorPruning	不是 J48 之下的「C4.5」是否使用「REP」	預設值＝False
saveInstanceData	視覺化數據的儲存	預設值＝False
seed	使用「REP」時隨機化的「種」數	預設值＝1
subtreeRaising	修剪時是否指定部分樹	預設值＝True
unpruned	是否進行修剪	預設值＝False
useLaplace	葉的修剪是否進行拉普拉斯的平滑化	預設值＝False
useDLCorrection	Correction（修正、補正）	預設值＝False
validationSetSize	Validation（驗證）	預設值＝0
valadationThreshold	Threshold（門檻值）	預設值＝20
algorithm	計算程序。Weka 是一個程序的彙整，稱為演算法	
scheme	演算法的集合	
Attributes	屬性（變數）	
Norminal	名義屬性	
Instances	列（指具有「個體」「樣本」的列）	
gain	識別力	
overfiting	過度學習	
split	分割	
Jitter	變異	
apply	應用	
Evaluation metrices	俯瞰（各統計量的）評價	

■ class

在 Weka 中是指學習對象的正確解是位於某一標籤的地方。

■ 演算選擇時的訊息

Weka 的「algorithm 顯示」是以黑色字呈現，反灰的部分是無法使用的演算法。實際執行時，偶爾會彈出下列警示訊息。

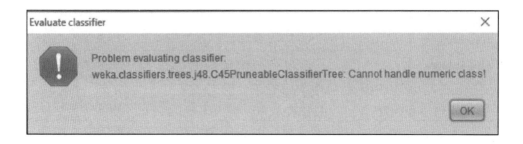

此時就需要選擇其他更適切的分析方法。Problem evaluating classifier 表示所選擇的分類方法有問題。數據解析中，為了進行產生，所選擇的分析方法無法處理此數據的目標屬性。

■ functions

機器學習主要使用「Weka」的「functions」➡「Multilayer Perceptron」（多層感知器），即 Neural network（類神經網路）。

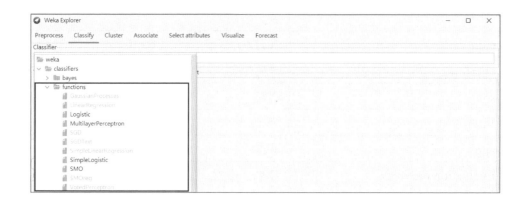

反灰的項目表示無法運用的分析方法。

functions 出現的計算方法

Gaussian processes	不調整參數，利用高斯的方法分類
Linear Regression	利用線性模型分類
Logistic	利用邏輯斯模型分類
Multilayer Perceptron	本書所用的機器學習的主角
SDG	為了學習線性模型，只從陡坡法（函數的斜率：主要求解高次方程式時所使用），使用尋找函數最小值的手法，分類
SGD Text	文字數據，學習邏輯斯迴歸，執行陡坡法
SimpleLinear Regression	使用多變量分析經常出現的赤池基準來預測
Simple Logistic	利用邏輯斯迴歸預測
SMO	利用支持向量機分類、預測
SMO reg	利用支持向量機分類、預測
Voted Perceptron	分成幾個數據，精確度是機械利用投票（vote）選定最適者

■ **決策樹（Decision tree，正式稱為 Tree-based model）**

　　決策樹的結構如下圖所示，從根（最根本的元素）開始分歧（分類），通過連結最終被分類成葉節點。

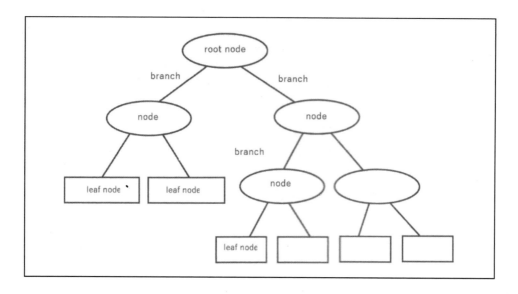

　　下圖是 Weka 的決策樹所使用的畫面。Weka 是選擇「classifier」（分類）頁籤。這裡先解說決策樹方法。

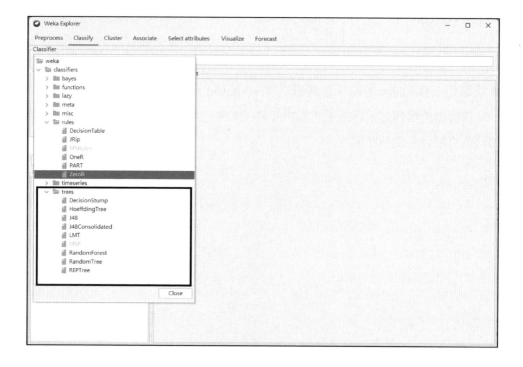

　　「tree」的下方,是顯示能實際給予演算的方法。Weka 擁有相當多的內建演算法,如上圖中文字反灰的是加入數據計算時無法應用的方法。下表是與決策樹演算法相關的方法彙整。

與決策樹演算法相關的方法

Decision Stamp	製作決策樹的分枝
Hoeffding tree	樣本數少時所製作,使用 Hoeffding 不等式的數學模型
J48	決策樹是基於重要想法的「C4.5」規則所製作的,非常容易使用,「決策樹的結果圖」也容易理解
LMT	利用邏輯斯迴歸模型製作決策樹
M5P	利用線性迴歸模型製作決策樹
Random Forest	整體機器學習的一支,隨機的製作數個樹
Random Tree	與 J48 並用,結果容易理解,隨機地製作葉
REP tree	以高速製作決策樹

■ **下圖中的 4 個按鈕也可用於改變選擇**

Attributes			
All	None	Invert	Pattern

1. All:所有選擇框都被勾選。
2. None:所有選擇框被取消(沒有勾選)。
3. Invert:已勾選的選擇框都被取消,反之亦然。
4. Pattern:讓使用者基於 Perl 5 規則運算式來選擇屬性。

　　Perl 規則運算式摘錄如下表所示:

.	匹配除分行符號以外的所有字元
^	匹配字元開頭的字元
$	匹配字元結尾的字元
.*	匹配 0 次或多次的任何字元

詳情請參 Perl 規則運算式。

（https://learn.microsoft.com/zh-tw/azure/data-explorer/kusto/query/re2-library）

譬如，以 Iris 為例來說明。.*th 選擇滿足屬性名稱，在此例中，選擇 2,3,4,5 號屬性。.^th 取消全部屬性。

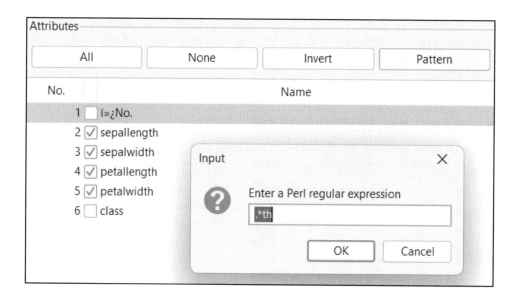

此外，選中了想要的屬性後，可透過點擊屬性清單下的 Remove 按鈕刪除它們。注意可透過點擊位於 Preprocess 面板的右上角的 Edit 按鈕旁的 Undo 按鈕來取消操作。

第 2 章　利用 Excel 與 Weka 的簡單操作——機器學習與決策樹

本章內容

2.1 以 Excel 製作數據，以 Weka 計算

2.2 以 Weka 預測

2.3 預測結果的焦點：Kappa 統計量

　　（Kappa statistic）

2.1 以 Excel 製作數據，以 Weka 計算

使用 Weka 時都需要有設定的項目，本章介紹如何利用 Weka 分析 Excel 數據。詳細的步驟與用語則視情況解說。

- 「階段 1」以 Excel 製作數據，以 CSV 格式儲存。
- 「階段 2」以 Weka 的 Explorer 讀取數據。
- 「階段 3」選擇「人工智慧」與「決策樹」中之一者進行計算，進行初期設定。
- 「階段 4」計算結果如果滿足時，再將結果送回 Excel。

■「階段 1」以 Excel 製作數據，以「CSV」格式儲存

透過 Weka 讀取預備好的 Excel 數據。Excel 的副檔名是 xls /xlsx，Weka 文件的副檔名是 arff。讀者們可以留意：Excel 2003 之前的版本，資料表的列數上限約 8,000 列，Excel 2007 以後的版本則擴張至約 100 萬列，尤其是在處理大量數據時。

近年來大數據逐漸受到重視，企業若欲以 Weka 處理的數據也逐漸增量，在前端讀進 CSV、C4.5、binary、arff 或是透過 JDBC 讀取的 SQL 檔案，Weka 擁有「add instance」（增加列）功能，也能運作自如。目前，大數據並非人工輸入，而是從測量器（Logger）傳入數據，再使用轉換軟體將之數據化。

本書以一般的電腦可以處理的範圍爲主，因之並非大數據的處理，重點放在與 Excel 並用來解說。

▶以 Excel 製作數據

Excel 格式，或 CSV 格式的數據，網路上有許多開放數據可以用來測試與練習。以電腦進行 AI 分析的練習時，就可以善用這些開放數據。因結果已知，如進行預測或分類時，計算誤差會是多少，能立即了解甚爲方便。

最近可以說「都市圈的便利商店呈飽和狀態」，基於以優勝爲目標，朝向「便利商店的合併」或「新商品的服務開發」。特別是「便當」、「沙拉」所採取的戰略是提供許多的商品，像是「健康導向的便當類」、「增加家常菜」、「多種多樣的糖果類」、「咖啡」等。

　　下方表格：便利商店的商品在各店鋪的銷售（樣本），是基於此種背景收集利用者的意見（10 分評價法），作爲樣本數據爲本書使用。

【**步驟 1**】　讀取「Excel 格式」的檔案，以「CSV 格式」儲存。

1. 利用 Excel 製作數據之後，先儲存在任一位置。（此處是以「tenpo.xlsx」儲存）。

2. 將「Excel 數據」以「CSV 格式」儲存。

　　* CSV 格式──「Comma Separated Value」（以逗號區分之值），不只是 Weka，其他各種軟體都能讀取此檔案格式。

【注意】以 CSV 格式儲存時，需預先進行下列處理：

• 文字部分是半形小文字（全形文字容易發生錯誤）

• 數字是半形英數字，區分小數點的「,」要去除。

便利商店的商品在各店鋪的銷售（樣本）

編號	便當類	家常菜類	糖果類	咖啡類	其他	日銷售額
No1	8	8	9	8	8	55
No2	9	7	8	9	8	57
No3	7	6	7	6	6	43
No4	8	7	8	7	6	47
No5	4	6	5	6	4	36
No6	4	5	6	5	5	37
No7	6	6	7	6	4	39
No8	5	6	7	6	5	40
No9	5	6	7	6	5	40
No10	5	6	7	6	5	40
No11	6	6	7	7	5	42
No12	6	7	8	8	7	46
No13	8	7	7	8	8	48

編號	便當類	家常菜類	糖果類	咖啡類	其他	日銷售額
No14	9	7	8	7	8	52
No15	3	4	4	4	5	30
No16	3	6	4	4	4	33
No17	3	5	6	4	3	34
No18	3	4	6	4	4	34
No19	10	9	10	9	7	60

【步驟 2】　將數據輸入 Excel 後，儲存檔名為：tempo_1.xlsx。

　　* LibreOffice 是一套開放原始碼辦公室套裝軟體，可提供相關工具來執行各類辦公室任務，例如撰寫文字、處理試算表或建立圖形和簡報。借助 LibreOffice，你可以在不同電腦平台之間使用相同的資料。如果有需要，你也可以使用其他格式（包括 Microsoft* Office* 格式）來開啓和編輯檔案，然後再將檔案儲存為原來的格式。

【步驟3】　開將 Excel 檔以 CSV 儲存，檔名取為：tempo2_1.csv。

	A	B	C	D	E	F	G
1	=SUM()		souzai_rei	sweets_rei	coffee_rei	others	day_sals
2	No1	8	8	9	8	8	55
3	No2	9	7	8	9	8	57
4	No3	7	6	7	6	6	43
5	No4	8	7	8	7	6	47
6	No5	4	6	5	6	4	36
7	No6	4	5	6	5	5	37
8	No7	6	6	7	6	4	39
9	No8	5	6	7	6	5	40
10	No9	5	6	7	6	5	40
11	No10	5	6	7	6	5	40
12	No11	6	6	7	7	5	42
13	No12	6	7	8	8	7	46
14	No13	8	7	7	8	8	48
15	No14	9	7	8	7	8	52
16	No15	3	4	4	4	5	30
17	No16	3	6	4	4	4	33
18	No17	3	5	6	4	3	34
19	No18	3	4	6	4	4	34
20	No19	10	9	10	9	7	60

2.2 以 Weka 預測

Excel 的「CSV 格式」的 G 行 19 列即 no18 的日銷售額，對此利用 Weka 進行預測。

【預測的重點】

想預測的地方以「?」表示。檔名變更為 tempo_2_1 後，要記得「儲存檔案」喔。

	A	B	C	D	E	F	G	H	I	J	K
1	No	bentou_rei	souzai_rei	sweets_rei	coffee_rei	others	day_sals				
2	No1	8	8	9	8	8	55				
3	No2	9	7	8	9	8	57				
4	No3	7	6	7	6	6	43				
5	No4	8	7	8	7	6	47				
6	No5	4	6	5	6	4	36				
7	No6	4	5	6	5	5	37				
8	No7	6	6	7	6	4	39				
9	No8	5	6	7	6	5	40				
10	No9	5	6	7	6	5	40				
11	No10	5	6	7	6	5	40				
12	No11	6	6	7	7	5	42				
13	No12	6	7	8	8	7	46				
14	No13	8	7	7	8	8	48				
15	No14	9	7	8	7	8	52				
16	No15	3	4	4	4	5	30				
17	No16	3	6	4	4	4	33				
18	No17	3	5	6	4	3	34				
19	No18	3	4	6	4	4?					
20	No19	10	9	10	9	7	60				
21											
22											
23											
24											
25											
26											
27											
28											

此「?」實際的部分是 34。亦即，No18 的店，Weka 預測出每日的營業額是 34.131 萬元。那麼，試著以 Weka 讀取「CSV 格式」的數據。

■「階段 **2**」以 **Weka** 的 **Explorer** 讀取「**CSV** 格式」的數據

【步驟 **1**】　啓動 Weka。從所有的應用程式中按一下「Weka3.8.6」的圖像。

【步驟 **2**】　彈出 Weka 畫面，點選「Explorer」。

【步驟 3】 開啟 Weka Explorer 視窗。

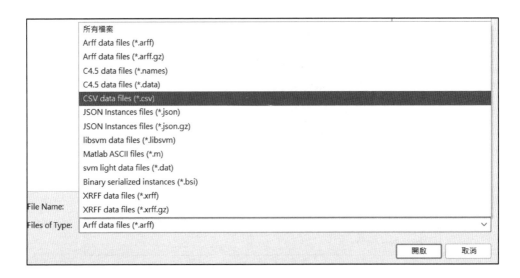

▶ **讀取以 Excel 所製作的「CSV 格式」檔案**

【步驟 1】 按一下「Preprocess」 ➡「open file」，出現選擇檔案的畫面，從檔案類型中選擇「CSV data files」(*.csv)。

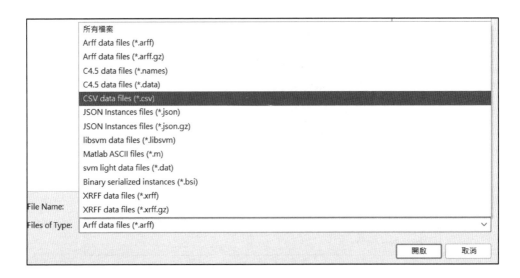

【步驟 2】　選擇 tempo_2_1.csv。

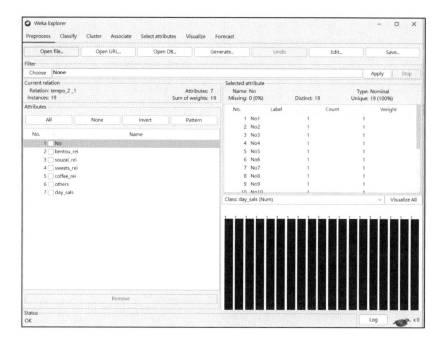

【步驟 3】　點一下「編輯（Edit）」，出現含有數據的畫面。

No.	1: No Nominal	2: bentou_rei Numeric	3: souzai_rei Numeric	4: sweets_rei Numeric	5: coffee_rei Numeric	6: others Numeric	7: day_sals Numeric
1	No1	8.0	8.0	9.0	8.0	8.0	55.0
2	No2	9.0	7.0	8.0	9.0	8.0	57.0
3	No3	7.0	6.0	7.0	6.0	6.0	43.0
4	No4	8.0	7.0	8.0	7.0	6.0	47.0
5	No5	4.0	6.0	5.0	6.0	4.0	36.0
6	No6	4.0	5.0	6.0	5.0	5.0	37.0
7	No7	6.0	6.0	7.0	6.0	4.0	39.0
8	No8	5.0	6.0	7.0	6.0	5.0	40.0
9	No9	5.0	6.0	7.0	6.0	5.0	40.0
10	No10	5.0	6.0	7.0	6.0	5.0	40.0
11	No11	6.0	6.0	7.0	7.0	5.0	42.0
12	No12	6.0	7.0	8.0	8.0	7.0	46.0
13	No13	8.0	7.0	7.0	8.0	8.0	48.0
14	No14	9.0	7.0	8.0	7.0	8.0	52.0
15	No15	3.0	4.0	4.0	4.0	5.0	30.0
16	No16	3.0	6.0	4.0	4.0	4.0	33.0
17	No17	3.0	5.0	6.0	4.0	4.0	34.0
18	No18	3.0	4.0	6.0	4.0	4.0	34.0
19	No19	10.0	9.0	10.0	9.0	7.0	60.0

【步驟4】　確認讀取的數據。按一下「Edit」，確認數據看看。

Weka Explorer								− □ ×
Preprocess	Classify	Cluster	Associate	Select attributes	Visualize	Forecast		
Open file...		Open URL...		Open DB...	Generate...	Undo	Edit...	Save...
Filter								
Choose	None						Apply	Stop

【步驟5】　出現以下數據。灰色方塊的部分是想預測的地方。

15	No15	3.0	4.0	4.0	4.0	5.0	30.0
16	No16	3.0	6.0	4.0	4.0	4.0	33.0
17	No17	3.0	5.0	6.0	4.0	3.0	34.0
18	No18	3.0	4.0	6.0	4.0	4.0	
19	No19	10.0	9.0	10.0	9.0	7.0	60.0

　　實際是 34 萬，預測是 34.131 萬。另外，預測的精度也是要關心的地方。Weka 也預測所輸入的過去數據並調整精度。它的實際值與預測值出現重疊的折線圖。

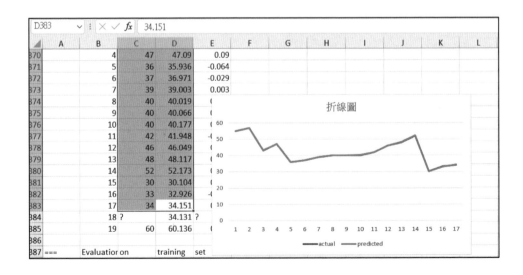

結果居然呈現出令人吃驚的精確度。因為 Weka 內建的方法不少，此處依所使用的例題進行實驗看看。

■「階段 3」以哪種方法進行計算呢？（譬如「**MLP**」或「**決策樹**」），初期設定

　　機器學習的初期設定〔Multilayer Perceptron（多層感知器）〕

【步驟 1】　按一下 Weka Explorer 的「Classify（分類）」。

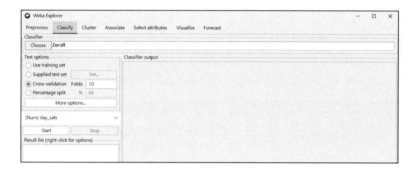

【步驟 2】　從「Functions」點選「Multilayer Perceptron」。

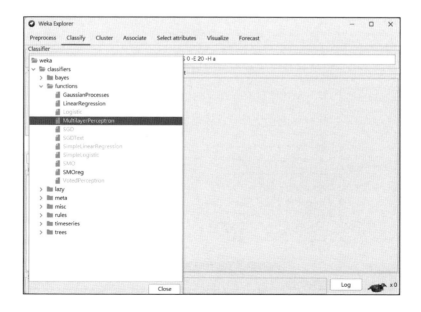

【步驟 3】 按一下「More options」。

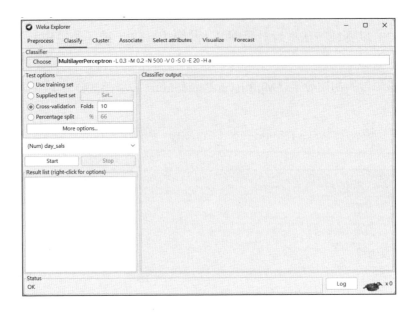

【步驟 4】 按一下「Choose」➡「Null」➡「Plain text」➡「OK」。

注意：以Weka預測時，一定要將「Null（無效）」改變成「Plain」，再按「OK」。

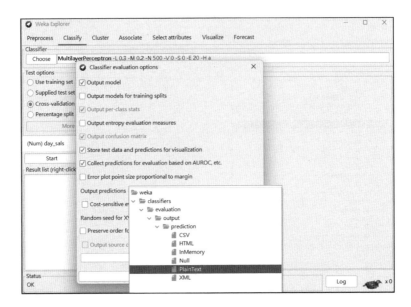

【步驟5】 按一下「Start」。預測的結果是 34.131。

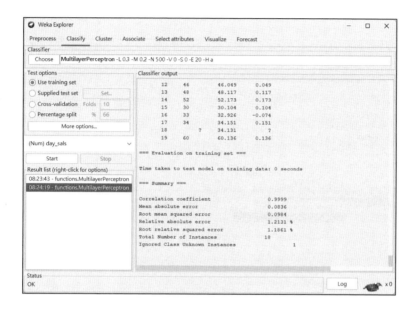

用 Weka 計算時，下表的評價是共同會輸出的項目。

Evaluation（計算結果的評價）	Summary（計算結果的概要）
Correlation Coefficient（相關係數）	0.9999
Mean absolute logarithmic error（平均絕對誤差）	0.0019
Root mean squared logarithmic error（均方誤差）	0.0023
Relative absolute error（相對絕對誤差）：絕對誤差的單位保留	1.2131%
Root relative squared error（相對平方誤差）	1.1861%
Total Number of instance（學習數據的列數）→ 指 training set	18
Ignored Class Unknown Instance（未被認知的・數據列數）	1

【步驟6】 將計算結果從畫面分離，確認結果。左下畫面是目前所用的計算方法，於此處按右鍵。

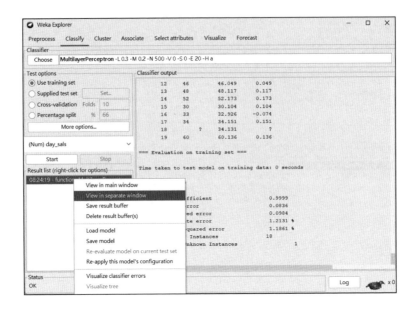

【步驟7】 點選「View in separate window」。出現以下畫面。

【**步驟8**】　按一下「Visualize（視覺化）」，觀察所輸入數據之間的關係。

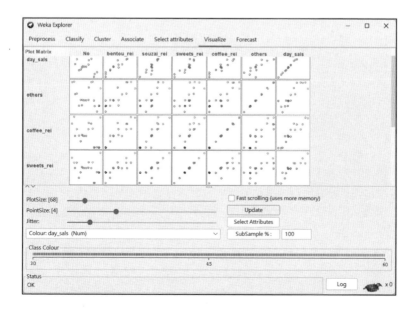

　　為了更容易觀察，滑動左方的「PlotSize」與「PointSize」，之後按「Update」時，即出現容易看的圖，此即為所輸入數據的相關圖。

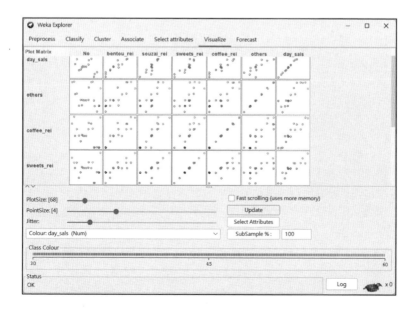

觀察神經網路圖後，有什麼發現呢？我們再照著下列步驟繼續觀察吧。

【步驟 1】 在「Choose」選鈕旁的「Multilayer Perceptron」文字上按一下。

【步驟 2】 出現小視窗，從中點選「Show properties」。

【步驟 3】　將「GUI」右方改成「True」之後，按「OK」。

• 「False」➡ 計算再預測時

• 「True」➡ 製作形象圖時

留意：「決策樹」的架構圖完全是以其他的方法進行分析的。

【步驟 4】 再回到「Weka Explorer」畫面。

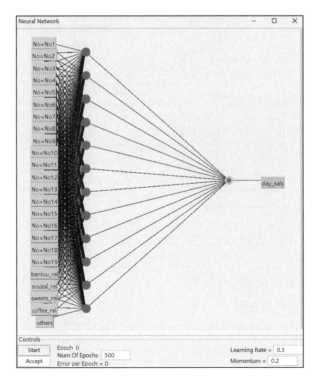

【步驟 5】 按「Start」時出現下圖，確認之後，再回到「False」。

此圖的中間層為單層。

▶ 神經元的個數與精度

下圖的圓球，也稱為神經元（neuron）或節點（node），若不斷增加時情形會如何？

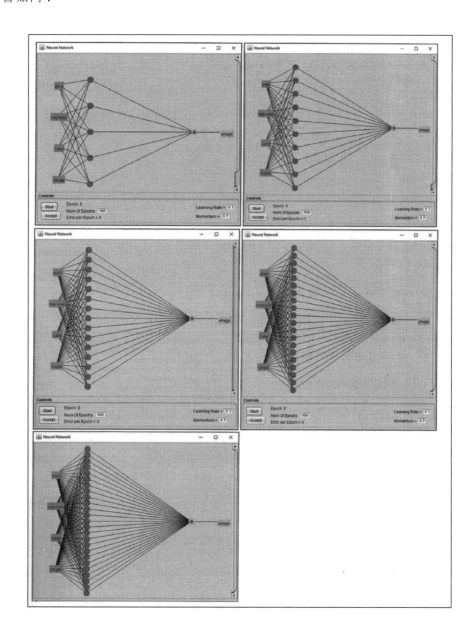

　　在 Weka 的 MLP 名稱上按一下，就會開啟「Object Editor」，於「More」
按一下，出現針對所使用方法的詳細解說。

Information ✕

be removed).

* To remove a node, right click it while no other nodes (including it) are selected. (This will also remove all connections to it)

.* To deselect a node either left click it while holding down control or right click on empty space.

* The raw inputs are provided from the labels on the left.

* The red nodes are hidden layers.

* The orange nodes are the output nodes.

* The labels on the right show the class the output node represents. Note that with a numeric class the output node will automatically be made into an unthresholded linear unit.

Alterations to the neural network can only be done while the network is not running, This also applies to the learning rate and other fields on the control panel.

* You can accept the network as being finished at any time.

* The network is automatically paused at the beginning.

hiddenLayer：預設值＝a ➡ 如輸入更改為 a, a, a，即為 3 層化

learningRate：學習率 ➡ 於尋找最適解時調整之用

momentum：動量 ➡ 尋找最適解時，發生振動的問題，此時調整中間層的前一個斜率的資訊，有助於抑制震動

　　這些參數可以自行設定不妨設定看看。

　　Weka 的 MLP 是使用「back propagation」（反向傳播法），如上所框選那樣，「Alterations to the neural network can only be done while the network is not running, This also applies to the learning rate and other fields on the control panel.」「神經網路的改變只能在網路不運行時進行，這也適用於控制面板上的學

習率和其他欄位。另外，此 MLP 是人工智慧的基本模型之一，是非常重要的。
下圖是隱藏層的 a 改成 a, a, a，中間層即出現 3 層。

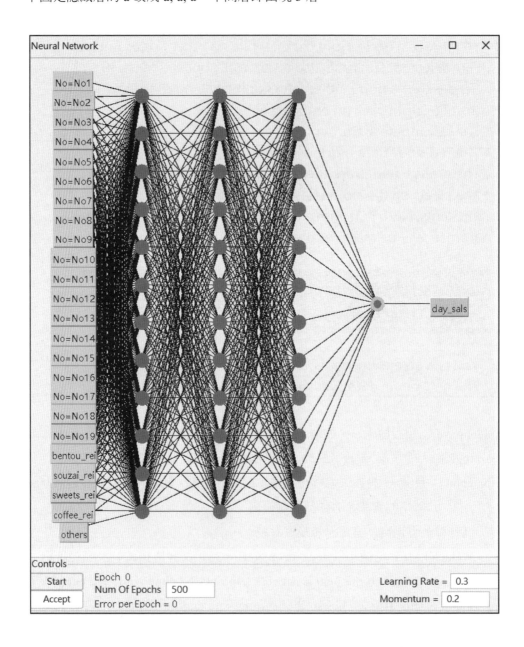

　　近來經常看到「深度學習（deep learning）」這個名詞，Weka 的「MLP」如上安裝有「反傳播法」。另外，狹義的說 4 層以上的神經網路稱為「深度學習」。目前，為了提高精度將重點放在深層化，DNN（deep neural network）的研究已在進展，卻被指摘過度學習。實驗得出如下表的結果。

	店鋪 NO.	實際 銷售	預測值					
			層數					
			a	5	10	15	20	25
已設店鋪	No02	1200	1233.156	1232.780	1232.610	1233.711	1234.941	1235.490
		誤差率 ➡	1.0276	1.0273	1.0271	1.0281	1.0291175	1.029575
	No11	1100	1087.103	1085.729	1086.524	1087.535	1088.695	1087.447
		誤差率 ➡	0.9882	0.9870	0.9877	0.9887	0.9897227	0.9885882
	No12	1000	1023.558	1019.168	1020.586	1021.106	1021.975	1021.508
		誤差率 ➡	1.0235	1.0192	1.0205	1.0211	1.021975	1.021508
計畫店鋪	No18	?	1312.433	1313.378	1313.163	1318.294	1324.106	1325.887
		相関係数	0.9963	0.9962	0.9960	0.9958	0.9959	0.9958

　　「deep learning」是指神經元的個數增加，可以驗證各種的學習精度。另外，此次是將重點放在 Weka 的是使用方法，使用 MLP 可以進行深層化。此次的店鋪的銷售額計畫，譬如新店鋪的計畫，或既有店鋪的改修以改善銷售額的提高時，可以將此種的數據進行各種的模擬。下表是本章所使用的數據。

	A	B	C	D	E	F	G
1	No	bentou_rei	souzai_rei	sweets_rei	coffee_rei	others	day_sals
2	No1	8	8	9	8	8	55
3	No2	9	7	8	9	8	57
4	No3	7	6	7	6	6	43
5	No4	8	7	8	7	6	47
6	No5	4	6	5	6	4	36
7	No6	4	5	6	5	5	37
8	No7	6	6	7	6	4	39
9	No8	5	6	7	6	5	40
10	No9	5	6	7	6	5	40
11	No10	5	6	7	6	5	40
12	No11	6	6	7	7	5	42
13	No12	6	7	8	8	7	46
14	No13	8	7	7	8	8	48
15	No14	9	7	8	7	8	52
16	No15	3	4	4	4	5	30
17	No16	3	6	4	4	4	33
18	No17	3	5	6	4	3	34
19	No18	3	4	6	4	4	34
20	No19	10	9	10	9	7	60

便利商店的數據所使用的變數如下表所示：

說明變數 學習數據（屬性：attributes）				誤差	目的變數 class
NO					銷售額
	$f(x_i)$			e	y
No1	$a_1 x_{11}$	$a_2 x_{12}$	$a_3 x_{13}$	$a_4 x_{14}$	e_1	y_1
No2	$a_1 x_{21}$	$a_2 x_{22}$	$a_3 x_{23}$	$a_4 x_{24}$	e_2	y_2
…	…	…	…	…	…	…
No17	$a_1 x_{171}$	$a_2 x_{172}$	$a_3 x_{173}$	$a_4 x_{174}$	e_{17}	y_{17}

機器學習的「屬性」也稱為「特徵」。上面的模型案例中銷售額 y 是取決於便當類、家常菜類、糖果類、咖啡類、其他等 5 個變數與誤差決定它的銷售額。

下列表格主要解說 MLP 調整盒所出現的用語。

about	使用反傳播法
GUI	顯示映像圖時用 True
Auto Build	自動產生神經元
Bach size	被送到資料庫的列數（預設值 =100）
Debug（預設值：False）	Bug（附加程式的錯誤）的除去，Weka 是指識別器
Decay（預設值：False）	衰退比重的參數，也稱為開始學習，抑制學習率降低，對現在的學習率設定
Do not Check capabilities（預設值：False）	為了測試屬性特質「capabilities」（特定功能檢查能力）
Hidden layers（隱藏層）	隱藏層是中間層，「a」是由 Weka 自動判斷，自己調整時，可以列入任意數值，指中間層神經元的數目
Learning rate（學習率）	預設值是 0.3，可以設定在 [0-1] 之間，使用反傳播法
Momentum（比重）	預設值是 0.2，可以在 [0-1] 之間設定
Norminal To Binary Filter（預設值：True）	前處理用過濾器，一定要設定：True
Normalized Attributes（預設值：True）	在 [-1-1] 之間基準化
Norminalize Numeric class（預設值：True）	數據是數值時，將用於計算之方法的集合（class）進行基準化
Num decimal Places	小數點的表示，如果是「2（預設值」，小數第 2 位
Reset	學習率低時，重設網路開始再訓練
Seed（預設值：0）	演算使用亂數，最初的亂數種子使用 0 開始
Training time（預設值：500）	直到訓練結束使之訓練的個數，如果是 0 之外，可以讓網路訓練提早結束，但訓練會習慣

about	使用反傳播法
Validation Set Size（預設值：0）	用在訓練集時的百分比的大小，特別是如無確認用的訓練集時使用 0 當作預設值
Validation Treshold（預設值：20）	用於確認用數據集結束時，確認要持續幾次的設定

執行 Weka 所安裝的方法之一的「Multilayer Perceptron」（多層感知器）出現計算結果，在評價的地方出現統計用語，以本例題來說明。

```
=== Summary ===

Correlation coefficient                 0.9999
Mean absolute error                     0.0836
Root mean squared error                 0.0984
Relative absolute error                 1.2131 %
Root relative squared error             1.1861 %
Total Number of Instances               18
Ignored Class Unknown Instances                    1
```

(1) 相關係數

相關係數之值在 [-1~1] 之間，並無單位。像 Weka 的機器學習，取決於輸入的數據，得出高相關的情形有很多。

(2) 平均絕對誤差

針對特定的數據，將誤差的絕對值除以數據數（instance），是迴歸問題所用的方法之一。值愈小愈好。

(3) 均方誤差

針對特定的數據，誤差平方合計的絕對值除以數據數（instance），是迴歸問題所用的方法之一，值愈小愈好。

(4) 絕對誤差與相對誤差（相對絕對誤差，相對平方誤差）

譬如，測量的數據誤差是「1g」稱為絕對誤差，相對的，相對誤差是以多少 % 比率表示。

▶決策樹的初期設定

決策樹，也稱為「分類器」，匯集許多的數據，尋找要從哪個規則加以分類，也可進行預測。此處使用檔案 tempo_2，與機器學習時使用的檔案 tempo_2_1 不同，後者有要預測的數據，前者並無要預測的數據。

已有店鋪 19 家，想新增一家新店鋪，於 Excel 的第 21 列是假想新店鋪展開的場所。

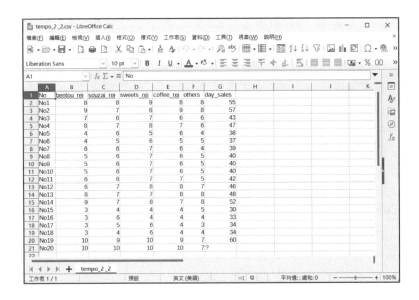

【步驟1】　按一下「Preprocess」頁籤 ➡「Open file」➡ 檔案類型改成「CSV 格式」再選擇檔案 tempo_2_2，再按「開啓」。

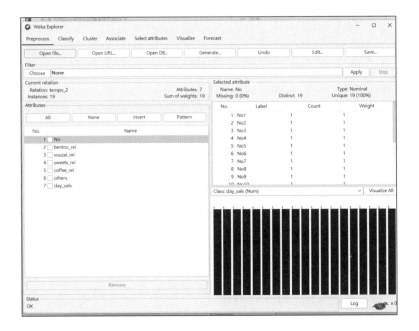

* No 此屬性是名義型（nominal），若點其他屬性就出現數值型（numeric）。

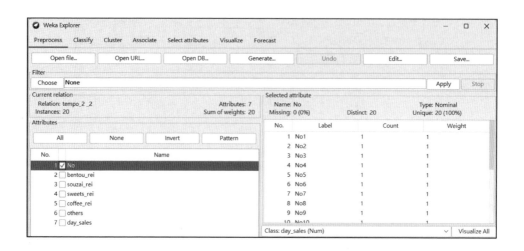

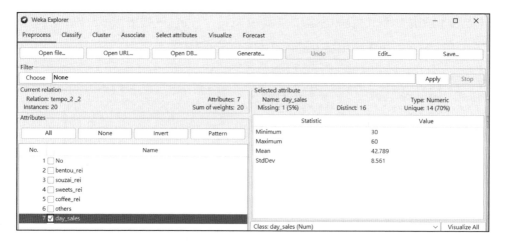

接著，按「Edit」，確認數據是否正確無誤。

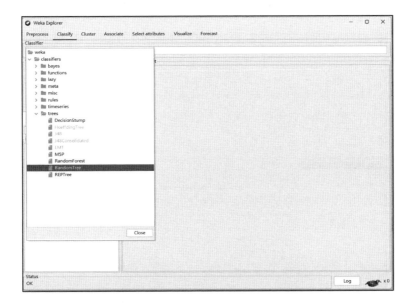

Weka Explorer

Preprocess　Classify　Cluster　Associate　Select attributes　Visualize　Forecast

Viewer
Relation: tempo_2 _2

No.	1: No Nominal	2: bentou_rei Numeric	3: souzai_rei Numeric	4: sweets_rei Numeric	5: coffee_rei Numeric	6: others Numeric	7: day_sals Numeric
1	No1	8.0	8.0	9.0	8.0	8.0	55.0
2	No2	9.0	7.0	8.0	9.0	8.0	57.0
3	No3	7.0	6.0	7.0	6.0	6.0	43.0
4	No4	8.0	7.0	8.0	7.0	6.0	47.0
5	No5	4.0	6.0	5.0	6.0	4.0	36.0
6	No6	4.0	5.0	6.0	5.0	5.0	37.0
7	No7	6.0	6.0	7.0	6.0	4.0	39.0
8	No8	5.0	6.0	7.0	6.0	5.0	40.0
9	No9	5.0	6.0	7.0	6.0	5.0	40.0
10	No10	5.0	6.0	7.0	6.0	5.0	40.0
11	No11	6.0	6.0	7.0	7.0	5.0	42.0
12	No12	6.0	7.0	8.0	8.0	7.0	46.0
13	No13	8.0	7.0	7.0	8.0	8.0	48.0
14	No14	9.0	7.0	8.0	7.0	8.0	52.0
15	No15	3.0	4.0	4.0	4.0	5.0	30.0
16	No16	3.0	6.0	4.0	4.0	4.0	33.0
17	No17	3.0	5.0	6.0	4.0	3.0	34.0
18	No18	3.0	4.0	6.0	4.0	4.0	34.0
19	No19	10.0	9.0	10.0	9.0	7.0	60.0
20	No20	10.0	10.0	10.0	10.0	7.0	

【**步驟2**】 點選「Classify」頁籤，按一下「Choose」，從 Tree 中選擇「Random Tree」。

Weka Explorer

Preprocess　Classify　Cluster　Associate　Select attributes　Visualize　Forecast

Classifier

- weka
  - classifiers
    - bayes
    - functions
    - lazy
    - meta
    - misc
    - rules
    - timeseries
    - trees
      - DecisionStump
      - HoeffdingTree
      - J48
      - J48Consolidated
      - LMT
      - M5P
      - RandomForest
      - **RandomTree**
      - REPTree

Close

Status
OK

Log

【步驟3】　按一下「More options」→「choose」選擇「Plain Text」→「OK」。

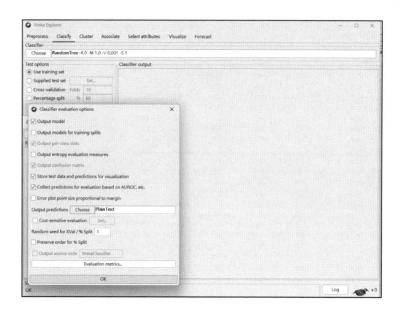

確認 More options 的下方出現 (Num) day_sales。接著，按「Start」。

【步驟4】　得出計算結果。

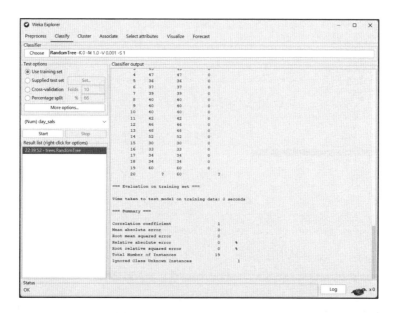

【步驟 5】　於 Result list 下方按右鍵，點選「Visualize tree」。

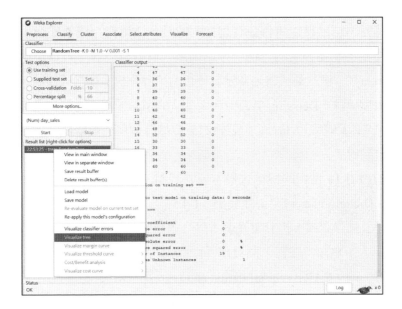

【步驟 6】　分析如下樹狀圖。

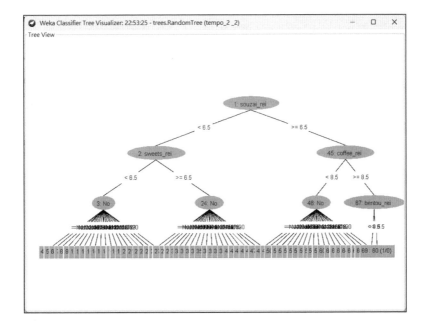

著眼於上圖的右側，家常菜類的評分如 > 6.5 時 ➡ 選擇咖啡類，如評分 > 8.5 時 ➡ 選擇便當類，如評分 = 9.5 時，銷售額每日是 60 萬元，月估計額是 1,800 萬元，可以得知銷售額有相當的成長。決策樹在機器學習中不只是從事分類的方法，也是預測的方法。過程因為一直分枝下去，所以也稱為樹狀圖（dendrogram），樹狀圖稱為是多變量分析的集群分析，稱為「樹狀結構」以茲區別。決策樹稱為「Decision Tree」。像此次的情形，想知道的是銷售額（「目的變數」，Weka 稱為「class」，若為數值數據時稱為「迴歸樹」，非數值數據時稱為「分類樹」。

決策樹緣自 14 世紀的神學家奧卡姆的刮鬍刀，以其原理為基底，從「ID3（Iterative Dichotomisser3）」開發出「C4.5」。利用已知的數據將已知者當作「教師信號」加以掌握，再分出幾個，以它們的資訊差異（gain）來評價，是一種分類器為人所熟知。之後，開發出「C5.0」。其他，調查數據的一致性使用「Gini 係數」的「CART（classification and regression tree）」的方法也為人所熟知。

Weka 的決策樹清單中「J48」「REPTree」是安裝有「C4.5」方法的一種，是相當重要的方法之一。另外，LMT 是當作邏輯斯迴歸樹（Logistic Model Trees）加以安裝，Random Forest 是當作 ensemble 機器學習加以安裝。

這些方法的內容，從「Weka explorer」 ➡「Classify」 ➡「Classifier Choose」選出，右鍵按一下出現的方法名稱，出現「Weka.gui.GenericObjectEditor」的對話框，在「About」的右方的「more（想知道更多）」、「Capabilities（方法性能的特徵）」按一下，於是如下方出現對話框。

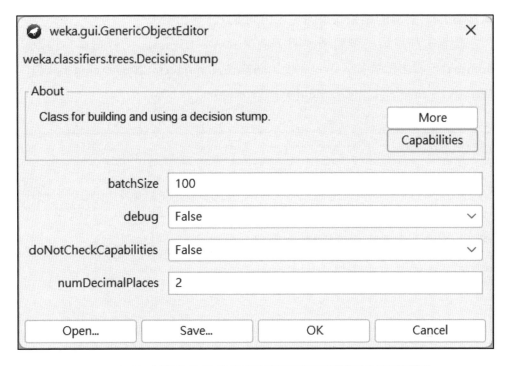

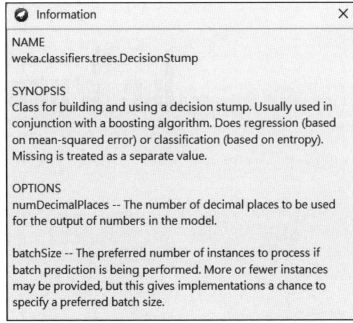

■「階段 4」計算的結果如果滿足，再向 **Excel** 送出結果

此處，利用另一例題來說明：氣象 .csv。Classify 的目標屬性需改為 nominal，因之數據輸入 Weka 後，將屬性從 numeric 型改成 nominal 型。Classify 的 choose 此處使用 Multilayer Perceptron。

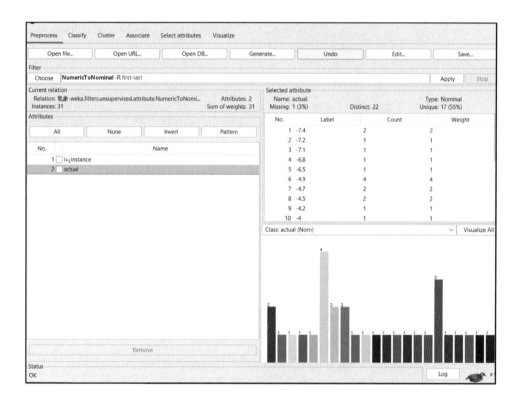

按「Start」，得出如下。

【步驟1】　在 Result list 下方按右鍵從出現的選單中點選「Save result buffer」。

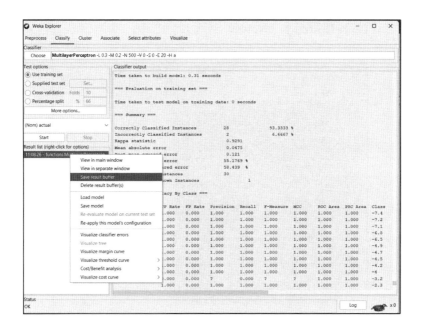

【步驟2】　檔名輸入「氣象結果 .csv」，不要忘了副檔名 .csv。

【步驟3】 Weka 的數據雖有計算結果，但實績值與預測值的誤差是在何種狀態，以圖形難以確認。因此，想在 Excel 自由的加工、編輯。首先將資料在筆記本（Notes）開啟。

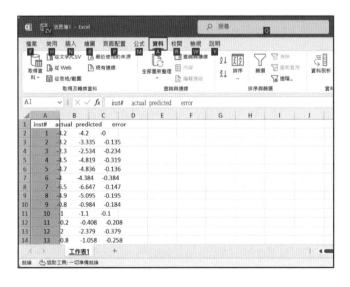

【步驟4】 將資料框選後貼在 Excel 的第 1 欄中。

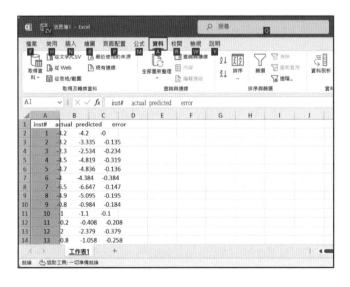

【步驟5】　點選「資料剖析」，帶出「資料剖析精靈」，出現步驟3之1，點
　　　　　　選分隔符號。

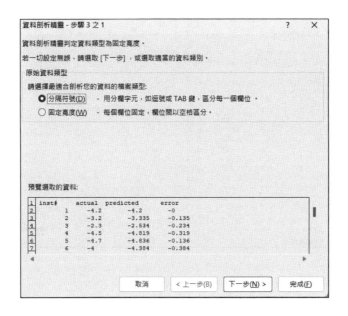

【步驟6】　按「下一步」後，出現步驟3之2，勾選「Tab鍵、逗點、空格」後，
　　　　　　按「下一步」。

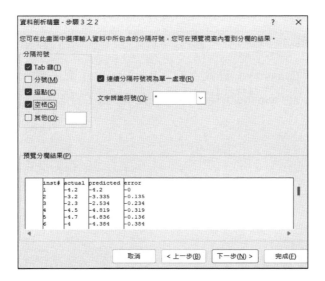

【步驟 7】 按「下一步」，直到完成。

2.3 預測結果的焦點：Kappa 統計量（Kappa statistic）

此處，以 Weka 3-8-6 的 data 中的 Breast-cancer 為例進行說明。

計算結果的確認

【步驟 1】 在「Classify」頁籤下的「Result list」點右鍵，點選「View in separate window」時，顯示畫面即分離主畫面。

【步驟 2】 檢視出現結果。

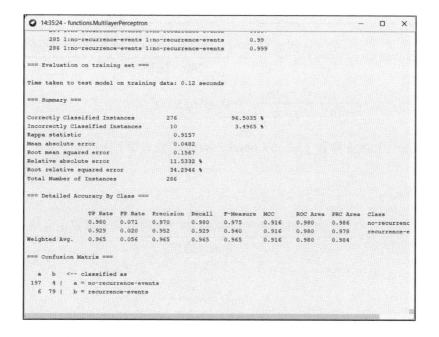

在 Weka 中，待預測的目標（輸出）稱為 Class 屬性，這應該是來自分類任務的「類」。若 Class 屬性是分類型時，我們的任務才叫分類：Class 屬性是數值型時，我們的任務叫迴歸。此處，正確分類數是 96.5035%。Kappa 統計量也稱為一致率，為 0.9157。TP rate 愈高愈好，而 FP rate 愈低愈好。此外，也有「Reprecision（適合率）」、「Recall（再現率）」、「F 值-（調和）平均」、「MCC（Matthews 相關係數）」等的表示。

Confusion Matix（混合矩陣）顯示如下：

A (合格的判斷)		根據計算的判定者		總和
		B (不合格的判斷)		
實際觀測值	A (合格的判斷)	197	4	201
	B (不合格的判斷)	6	79	85
總和		203	83	286

$$正確分類率 = \frac{197（A 與 B 同時判定合格）+ 79（A 與 B 同時判定不合格）}{286（總和）}$$

$$= \frac{(197 + 79)}{(197 + 79 + 4 + 6)} = 0.965035$$

Cohen's Kappa 係數（Jacob Cohen, 1960）的公式如下所示：

$$Kappa = \frac{0 - P_e}{1 - P_e}$$

$$P_0 = \frac{197（A 與 B 同時判定合格）+ 79（A 與 B 同時判定不合格）}{286（總和）}$$

$$= 0.965035$$

$$P_e = \frac{201}{286} \, (\text{A 判定合格的機率}) \times \frac{203}{286} \, (\text{B 判定合格的機率}) +$$

$$\frac{85}{286} \, (\text{A 判定不合格的機率}) \times \frac{83}{286} \, (\text{B 判定不合格的機率}) = 0.583$$

$$Kappa = \frac{0.965 - 0.583}{1 - 0.583} = 0.916$$

第3章 檔案形式與屬性類型的轉換

本章內容

3.1 調整檔案編碼為 UTF-8

在 Windows 中使用 Weka 來處理非英文語系的資料時會變成亂碼,這是
因為它的參數設定預設為 Cp1252(拉丁字母字元編碼)。只要在 Weka 設定檔
RunWeka.ini 中修改檔案編碼(file encoding)為 utf-8,就能讓 Weka 順利顯示中
文。

■ 找尋 Weka 安裝目錄 /Find Weka's Directory

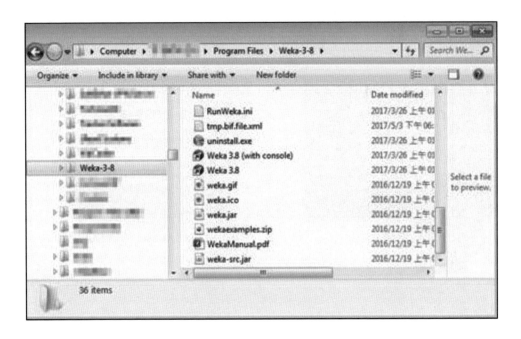

首先,我們要尋找 Weka 的安裝目錄。其預設路徑為:C:\Program Files\
Weka-3-8-6。

■ 修改檔案編碼為 utf-8/(Set fileEncoding = utf-8)

當你開啟一份文件時,如何快速地了解這個檔案的編碼模式是什麼呢?比
如說如果是繁體中文的文件那可能是 UTF8 字符集、簡體中文可能是 GB2312 編

碼、英文的話則很有可能是 ANSI，當然這些例子都只是一些範例，不是絕對的。不過新手常會遭遇到文件內容呈現亂碼的情況，這問題就很可能是編碼模式的問題了。因此，了解文件開啟的編碼模式就變成了一個基本必需要具備的知識。

步驟如下：

【步驟 1】　開啟 Weka 的安裝目錄。

【步驟 2】　用文字編輯器開啟 RunWeka.ini，像是「Notepad++」或「記事本」或「Word」。

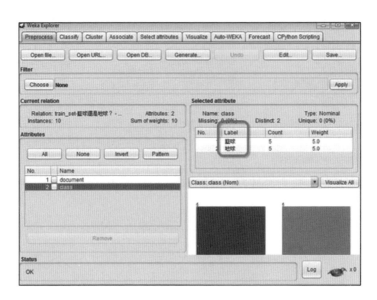

【步驟 3】　把以下的設定

　　　　　fileEncoding = Cp1252

　　　　　改成

　　　　　fileEncoding = utf-8。

【步驟 4】　儲存檔案。

【步驟 5】　重新開啟 Weka。

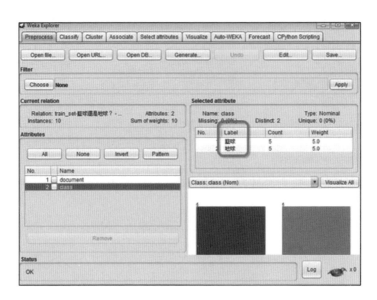

下次載入含有中文的資料時，Weka 就能正常顯示中文，不會變成亂碼了。

3.2 Weka 如何載入 CSV 檔案

在開始建模之前，必須先載入相關數據。在本章節中，你將了解如何在 Weka 中載入 CSV 數據集。

■ 如何在 Weka 中描述數據

機器學習演算法主要被設計為與數組陣列一起工作。這被稱為「表格化」或「結構化數據」，因為數據在由行和列組成的電子表格中看起來就是這樣。

Weka 在描述數據時，擁有特定的以計算機科學為中心的詞彙表：

▶ 實例（Instance）：一行數據被稱為一個實例，就像在一個實例中或來自問題域中的觀察（observation）一樣。

▶ 屬性（Attribute）：一列數據被稱為一個特徵或屬性，就像在觀察的特徵中那樣。

每個屬性可以有不同的類型，例如：

- 實數（Real），表示數值，如 1.2。
- 整數（Integer），表示沒有小數部分數的數值，如 5。
- 名義（Nominal），表示分類數據，如「狗」和「貓」。
- 字串（String），表示單詞組成的列表，如同這個句子本身。

在分類問題上，輸出變量必須是名義型。對於迴歸問題，輸出變量必須是數值型。

■ Weka 中的數據

Weka 儲存數據的格式是 ARFF（Attribute-Relation File Format）。這是一種 ASCII 文字檔。ARFF 表示屬性關係檔案格式的首字母縮寫。

例如，CSV 格式經典的鳶尾花（Iris）數據集的前幾行如下所示：

```
5.1,3.5,1.4,0.2,Iris-setosa
4.9,3.0,1.4,0.2,Iris-setosa
4.7,3.2,1.3,0.2,Iris-setosa
4.6,3.1,1.5,0.2,Iris-setosa
5.0,3.6,1.4,0.2,Iris-setosa
```

ARFF 格式的檔如下所示：

```
@RELATION iris

@ATTRIBUTE sepallength REAL
@ATTRIBUTE sepalwidth REAL
@ATTRIBUTE petallength REAL
@ATTRIBUTE petalwidth REAL
@ATTRIBUTE class {Iris-setosa,Iris-versicolor,Iris-virginica}

@DATA
5.1,3.5,1.4,0.2,Iris-setosa
4.9,3.0,1.4,0.2,Iris-setosa
4.7,3.2,1.3,0.2,Iris-setosa
4.6,3.1,1.5,0.2,Iris-setosa
5.0,3.6,1.4,0.2,Iris-setosa
```

你可以看到：(1) 指令以符號（@）開始，(2) @RELATION iris，表示數據集的名稱，(3) @ATTRIBUTE sepallength REAL，有一個指令來定義每個屬性的名稱和數據類型，(4) @DATA，用以指示原始數據的開始。

此外，以百分比符號（%）開頭的行表示注釋。原始數據部分中具有問號（？）的值表示未知或遺漏之值。格式支援數字和分類值（categorical values），如上述的鳶尾花例子，但也支援日期和字串值。

依據 Weka 安裝方式，Weka 安裝目錄 data / 子目錄下可能有或者沒有一些預設的數據集，與 Weka 一起分發的這些預設數據集都是 ARFF 格式，且具有 .arff 副檔名。

3.3 在 ARFF-Viewer 中載入 CSV 文件

　　你預備用來分析的數據可能不是 ARFF 格式。更可能是逗號分隔值（Comma Separated Value, CSV）格式。這是一種較簡單的格式，其數據在行和列的表格中進行布局，而逗號用於分隔行中的值。引號也可以用來包圍值，特別是如果數據包含帶空格的文本字串。

　　CSV 格式能從 Excel 匯出。一旦你將數據匯入 Excel，就可以輕鬆地將其轉換爲 CSV 格式。Weka 提供了一個便利的工具以載入 CSV 檔案，並保存成 ARFF 格式。依循下列步驟，就能將數據集從 CSV 格式轉換爲 ARFF 格式，並將其與 Weka workbench 結合使用。如果你沒有 CSV 檔案，可以利用鳶尾花（iris）數據集練習。

　　從 UCI Machine Learning 資料庫（https://archive.ics.uci.edu/ml/datasets/Iris）中下載檔案，並將其儲存到 iris.csv 的當前工作目錄中。

步驟如下：
【步驟 1】　啓動 Weka GUI Chooser（選擇器）。

【步驟 2】　透過點擊選單中的「Tools」，選擇「ArffViewer」，以開啓 ARFF-Viewer。

【步驟 3】 你將看到一個空的 ARFF-Viewer 視窗。

【步驟 4】 點擊「File」選單,在 ARFF-Viewer 中開啓 CSV 檔案,然後選擇
「Open」。導航到你當前的工作目錄。將「Files of Type」過濾器
更改爲「CSV data files (*.csv)」。選擇你要的文件,然後,點擊
「Open」按鈕。

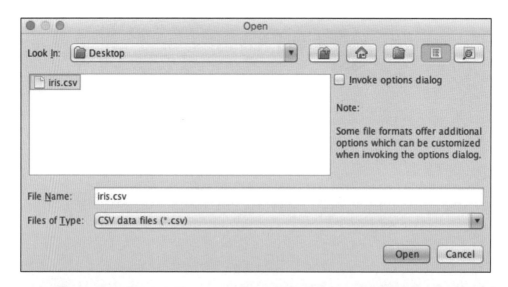

【步驟 5】　你現在應該可以看到你的 CSV 檔載入到 ARFF-Viewer 的一個示例
　　　　　樣本。

【步驟 6】　透過點擊「File」選單並選擇「Save as...」，以 ARFF 格式保存數據
　　　　　集。你需要輸入帶有 .arff 副檔名的檔案名稱，並單擊「Save」按鈕。

你現在可以將儲存的 .arff 檔案直接載入 Weka 中。另外請留意，ARFF-
Viewer 提供了在儲存之前修改數據集的選項。例如，你可以更改值，更改屬性
的名稱和更改其數據類型。此外，建議你指定每個屬性的名稱，因為這做法將有
助於稍後對數據進行分析。

3.4 在 Weka Explorer 中載入 CSV 文件

本節將簡介如何在 Weka Explorer 介面中載入 CSV 檔案。再次運用前述的
數據集進行說明。

步驟如下：

【步驟 1】　啟動 Weka GUI Chooser（選擇器）。

【步驟 2】　透過單擊「Explorer」按鈕，啟動 Weka 資源管理器。

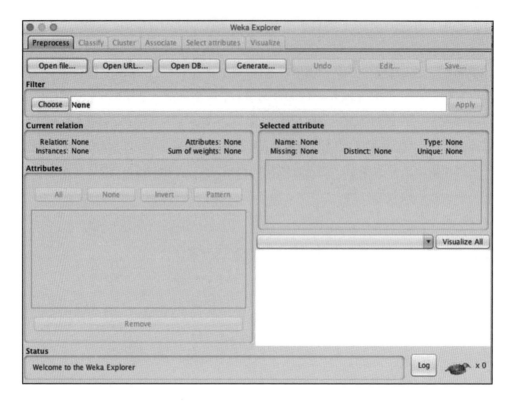

【步驟3】　點擊「Open file...」按鈕。

【步驟4】　導航到你當前的工作目錄。將「Files of Type」更改為「CSV data files (*.csv)」。選擇你的文件，然後，點擊「開啟」按鈕。

你也可以透過點擊「Save」按鈕並輸入檔案名，以 ARFF 格式保存數據集。

3.5 使用 Excel 中的其他檔案格式

如果你有其他格式的數據，請先將其匯入 Excel。以另一種格式（如 CSV）使用不同的分隔符號或固定寬度欄位來獲取數據是很常見的。將數據匯入 Excel 後，可以將其匯出為 CSV 格式。然後，將其轉換為 ARFF 格式在 Weka 中使用它。

　　下列是部分額外的資源，這些資源對在 Weka 中使用 CSV 數據進行分析時相當有幫助。

- Attribute-Relation File Format（http://www.cs.waikato.ac.nz/ml/weka/arff.html）
- Can I use CSV files?（https://waikato.github.io/weka-wiki/faqs/use_csv.files/）
- CSV File Format（https://en.wikipedia.org/wiki/Comma-separated_values）

3.6 屬性類型的轉換步驟

【步驟 1】　開啓檔案，找出數據類型是 CSV 的檔案。

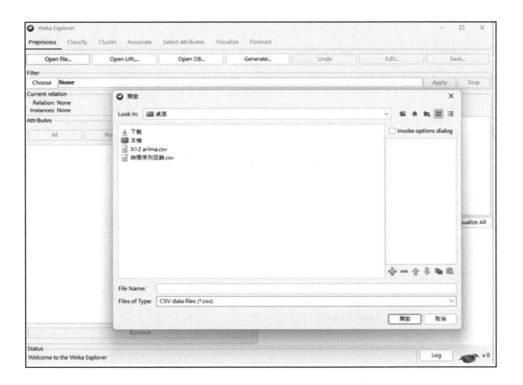

【步驟 2】　按開啓後出現如下視窗，此處假定屬性 3。

【**步驟 3**】 選擇 filters/unsupervised/attribute/NumericToNominal。

【步驟 4】 點擊「Choose」旁的輸入框，出現「Show properties」。

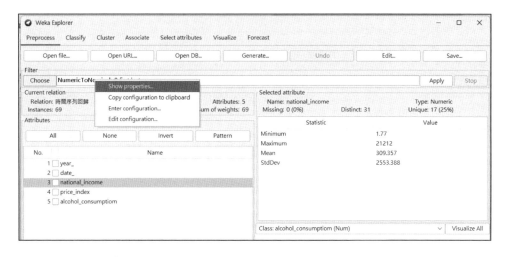

【步驟 5】 將 attributeindecies 改成 3（指第 3 個屬性），按「OK」。

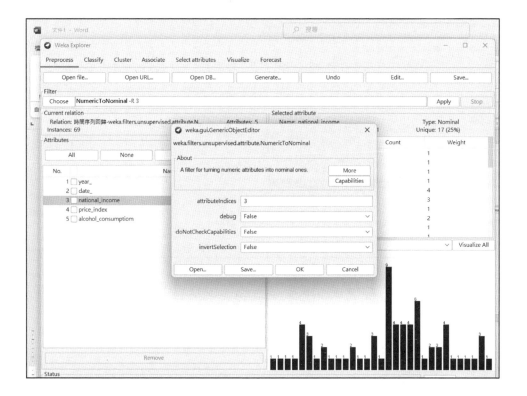

【步驟 6】 按「Apply」後，原先第 3 個屬性類型即從 numeric 改成 nominal。

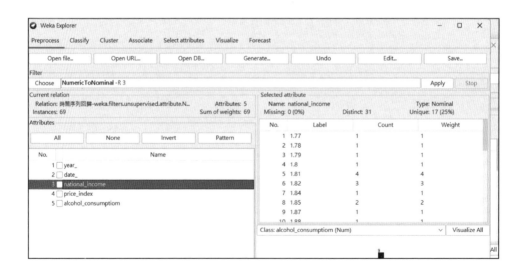

結果變成如下所示。

【步驟 7】 點擊「Editor」，出現改完後的數據類型。

No.	1: year_ Numeric	2: date_ Numeric	3: national_income Nominal	4: price_index Numeric	5: alcohol_consumptiom Numeric
1	1938.0	1938.0	1.78	1.91	1.98
2	1937.0	1937.0	1.77	1.92	1.96
3	1940.0	1940.0	1.79	1.87	2.04
4	1941.0	1941.0	1.82	1.9	2.06
5	1942.0	1942.0	1.81	1.91	2.07
6	1943.0	1943.0	1.81	1.92	2.06
7	1944.0	1944.0	1.81	1.92	2.04
8	1945.0	1945.0	1.82	1.94	2.03
9	1946.0	1946.0	1.8	1.95	2.0
10	1947.0	1947.0	1.81	1.94	1.99
11	1948.0	1948.0	1.82	1.95	1.98
12	1949.0	1949.0	1.84	1.95	1.98
13	1950.0	1950.0	1.85	1.95	1.97
14	1951.0	1951.0	1.85	1.97	1.96
15	1952.0	1952.0	1.87	2.0	1.94
16	1953.0	1953.0	1.88	2.01	1.93
17	1954.0	1954.0	1.89	2.01	1.93
18	1955.0	1955.0	1.92	2.01	1.92
19	1956.0	1956.0	1.94	2.01	1.94
20	1957.0	1957.0	1.95	2.01	1.97
21	1958.0	1958.0	1.95	2.01	1.97
22	1959.0	1959.0	1.93	2.0	1.97
23	1960.0	1960.0	1.92	2.01	1.95
24	1961.0	1961.0	1.95	2.03	1.94

3.7 如何將 UCI Dataset 的副檔名 *.data 改成 *.CSV

UCI 資料庫是加州大學歐文分校（University of California Irvine）提出的用於機器學習的資料庫，這個資料庫目前共有 335 個數據集，其數目還在不斷增加，UCI 數據集是一個常用的標準測試數據集。網址：http://archive.ics.uci.edu/ml/index.php。

到 UCI 下載數據集都是 *.data 格式，但若運用 Weka 需要 *.arff 或 *.csv 格式的檔案。

新建一個 *.txt 文字檔的步驟，如下所示：

【步驟 1】　首先將電腦打開進入主螢幕。依序下列次步驟執行。

1. 在空白處右擊滑鼠。

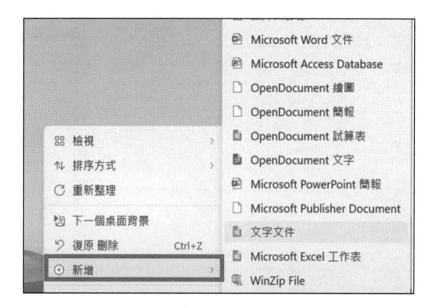

2. 然後點擊選項【新增】。

3. 找到【文字檔】選項。

4. 如圖所示，新建了一個以 txt 為副檔名的文件。

5. 點兩下進入即可進行編輯。

【步驟 2】　開啓 UCI 網址，下載需要的數據集。

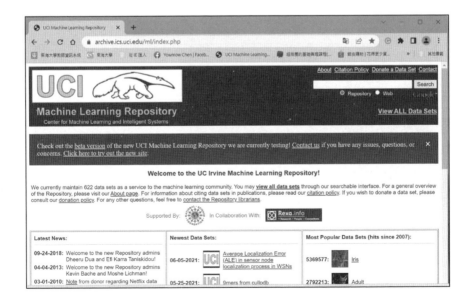

【步驟3】　進入 data folder，會看到 *.data 的數據文件。點擊文件，就會看到相關的數據。

【步驟4】　將數據全部框選，按「複製」。

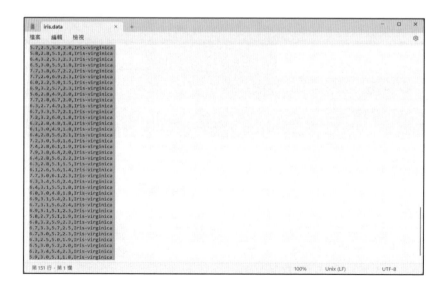

【步驟 5】　貼到「步驟 1」新建的檔案中，並將檔名改為數據集的名字，副檔
　　　　　　名則改為 *.csv。

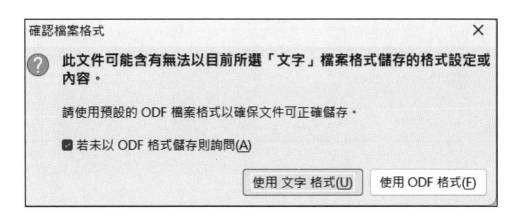

【步驟 6】　按「儲存」，出現「確認檔案格式」對話框，選取「使用文字格式」。

再重新命名為 Iris，即成為 Iris.txt。

【**步驟 7**】　在搜尋中輸入 LibreOffice Calc（若已有安裝），出現如下畫面，點
　　　　　　　選「LibreOffice Calc」。

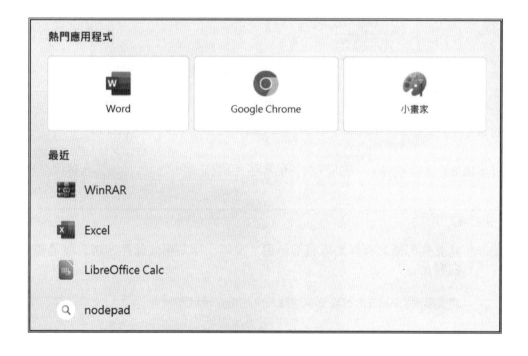

【步驟 8】　呼叫出空白的 Excel，從檔案中選擇開啓。

【步驟 9】　找出 Iris.txt，再按開啓，出現文字匯入畫面。

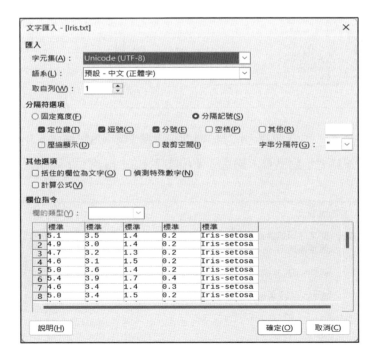

【**步驟 10**】檢視逗號及分隔記號後（此即為 .csv 格式），按「確定」，即成為
Iris.txt-LibreOffice 試算表畫面。

【**步驟 11**】最後，另存新檔，[存檔類型] 選擇文字 CSV 格式，出現「確認檔
案格式」對話框，點選「使用文字 CSV 格式」，關閉視窗。

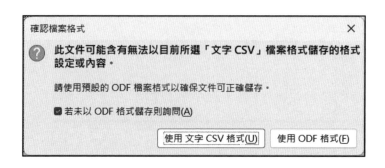

於儲存處（此處是桌面），即成爲有 LibreOffice 圖像的 Iris.csv 檔案。

接著我們在 Weka 中將 CSV 格式轉成 Arff 格式。

【步驟 1】 啓動 GUI 介面的 Weka，選擇 Tools 的 ArffViewer，開啓之前所儲存
的數據檔案 *.csv。

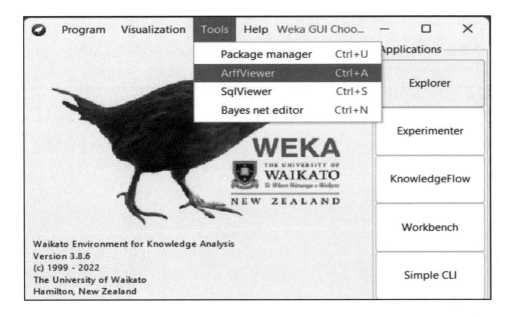

【步驟 2】 出現如下空白的畫面。

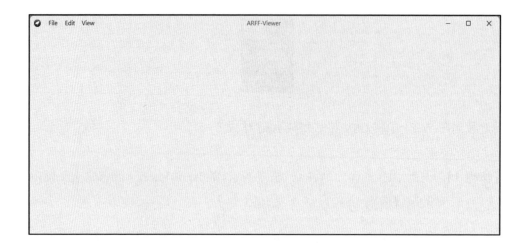

【步驟 3】 點選「檔案」，以 CSV 檔案類型找出 Iris.csv，選擇「開啓」。

【步驟 4】　按「開啓」後，顯示下列畫面。

【步驟 5】　然後，另存新檔（假定檔案存放於桌面上），檔案類型為 *.arff，按
　　　　　　「儲存」。

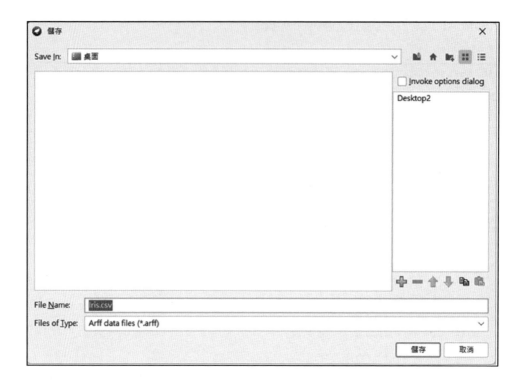

即轉換成為 .arff 格式檔案。

以上即為從 .data 轉換為 .arff 的步驟。

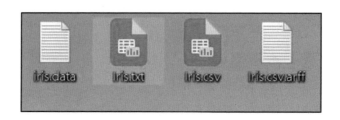

第4章　屬性的選擇

本章內容

4.1 何謂「選擇屬性」

4.2 其他屬性選擇方法

4.1 何謂「選擇屬性」

選擇屬性（select attributes）就是透過搜索資料中所有可能的屬性組合，以找到預測效果最好的屬性子集。人工選取屬性既煩瑣又容易出錯，為了說明使用者實現選擇屬性自動化，Weka 提供了兩個物件：「屬性評估器」和「搜索方法」。屬性評估器確定使用什麼方法為每個屬性子集分配一個評估值，搜索方法決定執行什麼方式的搜索。正確選擇屬性子集用以提升預測效果。

屬性選擇的方法可以分為「篩檢程式」和「包裝方法」，前者應用低計算的啓發式方法來衡量屬性子集的品質，後者透過建構和評估實際的分類模型來衡量屬性子集的品質，其計算成本較大，但往往性能更好。

以下按步驟說明屬性選擇的方法。

【步驟 1】 從 Program file ➡ weka3.8.6 ➡ data ➡ grass.arff，下載到桌面。

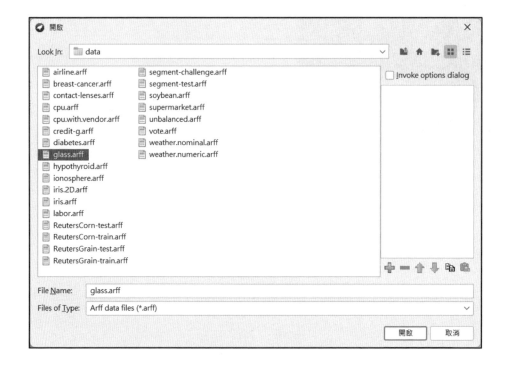

【步驟 2】 Preprocess ➡ Open file，從桌面找出 glass.arff（注意 Preprocess 的 type 屬性是必選的）。

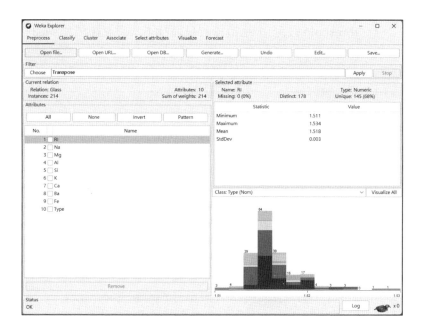

【步驟 3】 點選「Select attributes」頁籤，在屬性評估器的下方「Choose」按一下，點選「WrapperSubsetEval」。

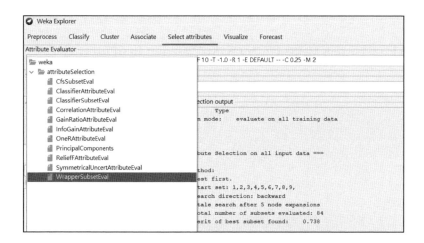

【步驟 4】 在「Choose」旁邊按一下，出現 Show properties，接著出現如下畫面，在 Classifier 旁的 Choose 按一下，選擇「J48」。將 fold 改成 10，將 threshold 改成 -1。按「OK」。

* threshold 設定 -1 是指每次只進行 1 次交叉驗證。Seed 就是要設置一個隨機子，依此產生一個亂數，預設是 1。

【步驟 5】 於 Search Method 下方 Choose 按一下「BestFirst」。

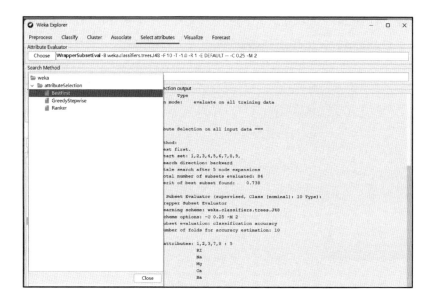

【步驟 6】　在它的旁邊按一下，出現 Show properties，接著出現如下畫面。將
　　　　　　direction 改成 Backward，其他則保留預設值，按「OK」。

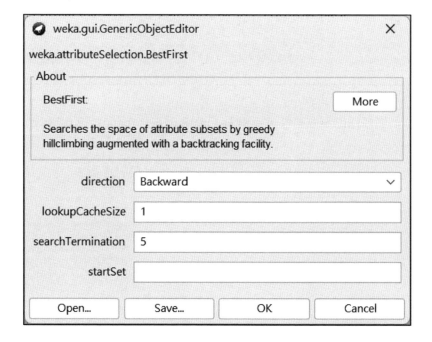

【**步驟 7**】 Attribute Selection Mode 下方先點選「Use full training set」，按「Start」，出現下列畫面。

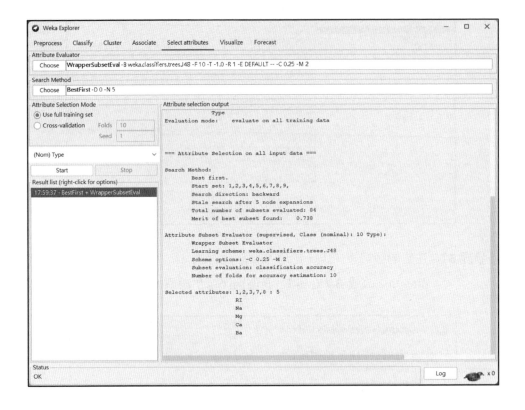

從 9 個屬性選出 5 個屬性，正確率（merit of best found）達 0.738。

【步驟 8】 在 Attribute Selection Mode 下方點選「Cross validation」，其他值不
變。

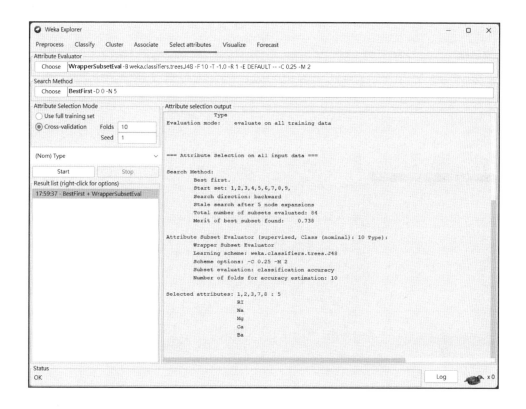

　　顧名思義 K-fold Cross-Validation 就是將資料集拆分成 K 份做交叉驗證。交
叉驗證的方法是將其中 K-1 份的資料當作訓練集，剩下來的那份作為驗證集，算
出一個 Validation Error，接著再從沒當過驗證集的資料挑一份出來當驗證集，剛
剛做過驗證集的資料則加回訓練集，維持 K-1 份做訓練、1 份做驗證，如此反覆
直到每一份資料都當過驗證集，這樣會執行 K 次，算出 K 個 Validation Error，
最後我們再將這 K 個 Validation Error 做平均，用他們的平均分數來作為我們評
斷模型好壞的指標。

【步驟9】 按「Start」，出現如下畫面。

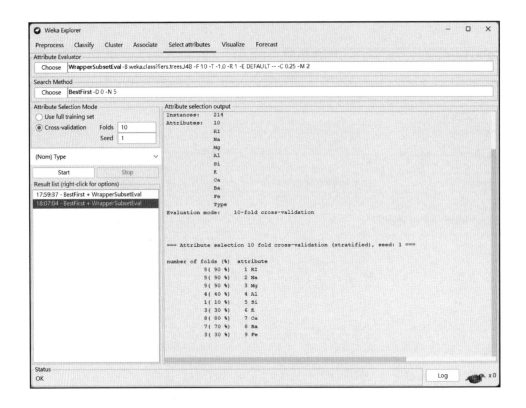

　　檢視準確率，選出超出 70% 的有 RI, Na, Mg, Ca, Ba。此結果與使用 Use full training set 所得結果相同。亦即，只需要在 9 個屬性中選取 5 個屬性就足夠了，更多的屬性反而會降低準確率，即最佳的屬性子集得到的分類準確率高於完整資料集得到的分類準確率。包裝法是透過使用交叉驗證位每一部選擇最佳的增加或移除的屬性，其計算量大。

4.2 其他屬性選擇方法

　　此外，在數據集中選擇相關屬性的一種流行方法是使用相關性。以下事例使

用的數據集是皮馬印第安人（Pima Indians）糖尿病數據集 diabetes.arff。

此數據集來自於 workbench ➡ openfile ➡ data ➡ diabetes.arff。

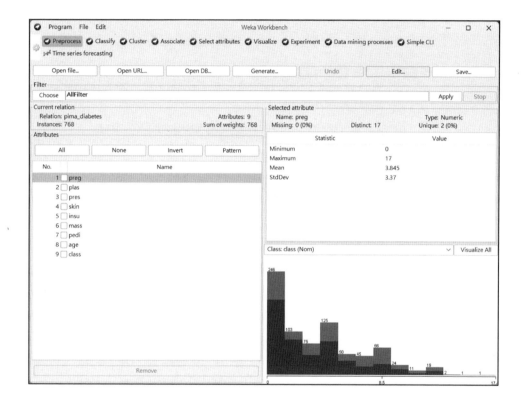

這是一個分類問題，其中每個實例代表一名患者的醫療細節，任務是預測患者是否會在未來五年內患上糖尿病。

相關性在統計學上正式稱為 Pearson 相關係數。你可以計算每個屬性與輸出變量之間的相關性，並僅選擇那些具有中高正相關或負相關〔接近 -1 或 1〕的屬性，並捨棄那些具有低相關性（值接近零）的屬性〕。Weka 使用 CorrelationAttributeEval 方法支援基於相關性的屬性選擇，該方法需要使用 Ranker 搜索方法。

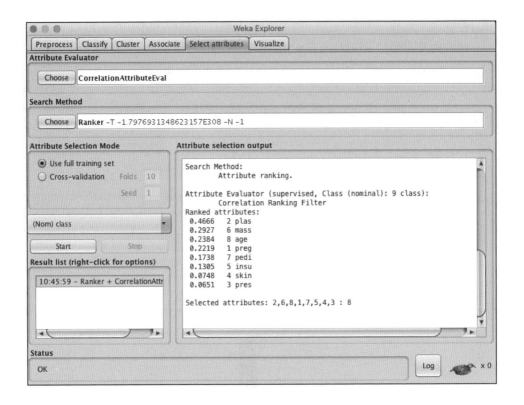

計算資訊增益，則是另一種受歡迎的屬性選擇方法。你可以計算輸出變量的每個屬性的信息增益，也稱爲熵（entropy）。輸入值從 0（無資訊）到 1（最大資訊）。那些貢獻更多資訊的屬性將具有更高的資訊增益值並且可以被選擇，而那些不提供太多資訊的屬性將具有更低的分數並且可以被去除。

Weka 支援使用 InfoGainAttributeEval 屬性評估器透過資訊增益進行特徵選擇。與上方的相關方法一樣，必須使用 Ranker Search Method。

在皮馬印第安人身上運行這項方法，可以看到一個葡萄糖濃度的屬性（plas）提供的訊息比其他屬性都多。如果使用 0.05 的任意截止值，那麼還將選擇質量（mass）、年齡（age）和胰島素（insul）等屬性，並從數據集中刪除其餘屬性。

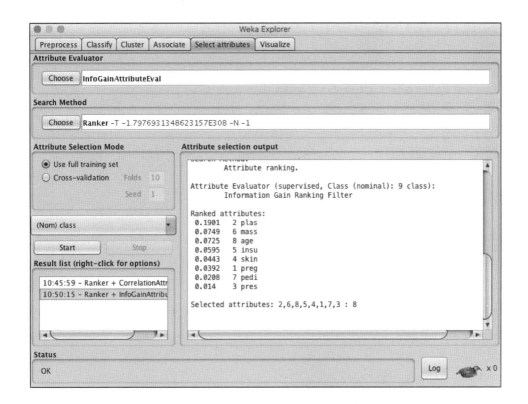

另一種流行的屬性選擇方法，是使用通用但功能強大的學習演演算法，並在選擇不同屬性子集的數據集上，評估演演算法的性能。將產生最佳性能的子集作為選定子集。用於評估子集的演算法，不必是你打算用於對問題建模的演算法，但它通常應該訓練迅速且功能強大，如決策樹方法。

在 Weka 中，這種類型的屬性選擇由 WrapperSubsetEval 演算法支援，並且必須使用 GreedyStepwise 或 BestFirst Search Method。如果你可以節省計算時間，則首選後者 BestFirst。使用的步驟如下所示：

【步驟 1】 選擇 WrapperSubsetEval 演算法。

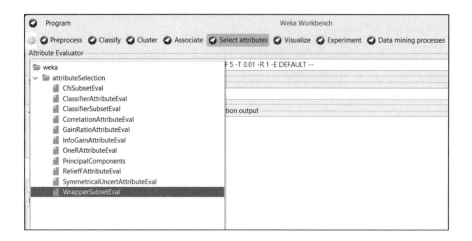

【步驟 2】 點擊名稱「WrapperSubsetEval」打開該演算法的配置。

【步驟 3】 點擊「classifier」的「Choose」按鈕,將其改為「trees」下的「J48」。

【步驟 4】 點擊「OK」接受配置。

【步驟 5】 將「搜索方式」更改爲「BestFirst」。

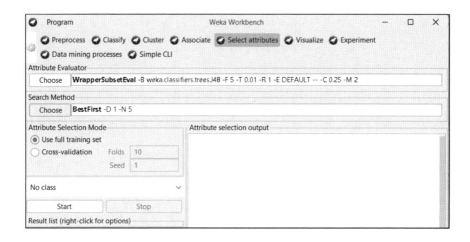

【步驟 6】 點擊「Start」按鈕，評估屬性。

第 5 章　分類分析

本章內容

5.1 決策樹（Decision Tree）

5.2 隨機森林（Random Forest）

　　分類（classify）是利用已知的資料（有標上類別的）去建構分類模型，讓我們有一個準則去推論已知或是未來新加入的資料是屬於何種類別。像是我們可以把「購買某特定產品」與「不購買某特定產品」只是來逛逛的顧客們的各個特質去建造模型（判斷準則），未來就可以聚焦在「會購買類別」的顧客上，進行推銷。但是，下一章的集群（cluster）則是將性質相似的資料匯聚在一起。在本例子中是使用「決策樹 J48」以及「隨機森林」來說明分類的演算法。

5.1 決策樹（Decision Tree）

　　決策樹是分類此方法中代表性的演算法，著重於用樹狀圖的方式建立出一個判斷的標準，直到能夠給出正確的分類為止。

　　本章採用的資料集為加州大學爾灣分校（University of California, Irvine）所提供的「zoo.dataset」，取材自：http://archive.ics.uci.edu/ml/datasets/zoo。此資料集是運用各種特徵資料建構出生物分類的模型，針對生物分類來說，藉此推斷哪些特徵是重要的。

　　以下是 100 種動物的名稱，分成 7 種類型（types），名稱顯示如下。

1 -- (41) aardvark, antelope, bear, boar, buffalo, calf, cavy, cheetah, deer, dolphin, elephant, fruitbat, giraffe, girl, goat, gorilla, hamster, hare, leopard, lion, lynx, mink, mole, mongoose, opossum, oryx, platypus, polecat, pony, porpoise, puma, pussycat, raccoon, reindeer, seal, sealion, squirrel, vampire, vole, wallaby, wolf（土豚、羚羊、熊、野豬、水牛、小牛、豚鼠、獵豹、鹿、海豚、大象、果蝠、長頸鹿、女孩、山羊、大猩猩、倉鼠、野兔、豹、獅子、山貓、水貂、鼴鼠、貓鼬、負鼠、羚羊、鴨嘴獸、雞貂、小馬、海豚、美洲獅、小貓、浣熊、馴鹿、海豹、海獅、松鼠、吸血鬼、田鼠、小袋鼠、狼）

2 -- (20) chicken, crow, dove, duck, flamingo, gull, hawk, kiwi, lark, ostrich, parakeet, penguin, pheasant, rhea, skimmer, skua, sparrow, swan, vulture, wren（雞、烏鴉、鴿子、鴨、火烈鳥、海鷗、鷹、奇異鳥、百靈鳥、鴕鳥、長尾小鸚

鵝、企鵝、野雞、三趾駝鳥、剪嘴鷗、賊鷗、麻雀、天鵝、禿鷲、鶬鶊）

3 -- (5) pitviper, seasnake, slowworm, tortoise, tuatara（毒蛇、海蛇、蛇蜥、陸龜、大蜥蜴）

4 -- (13) bass, carp, catfish, chub, dogfish, haddock, herring, pike, piranha, seahorse, sole, stingray, tuna（鱸魚、鯉魚、鯰魚、鰱魚、角鯊、黑線鱈、鯡魚、梭子魚、食人魚、海馬、鰨目魚、黃貂魚、金槍魚）

5 -- (3) frog, , newt, toad（青蛙、蠑螈、蟾蜍）

6 -- (8) flea, gnat, honeybee, housefly, ladybird, moth, termite, wasp（跳蚤、蚊蟲、蜜蜂、家蠅、瓢蟲、飛蛾、白蟻、黃蜂）

7 -- (10) clam, crab, crayfish, lobster, octopus, scorpion, seawasp, slug, starfish, worm（蛤、螃蟹、小龍蝦、龍蝦、章魚、蠍子、海黃蜂、蛞蝓、海星、蠕蟲）

　　屬性的分類如下所示：

1. animal name: Unique for each instance 2. hair: Boolean 3. feathers: Boolean 4. eggs: Boolean 5. milk: Boolean 6. airborne: Boolean 7. aquatic: Boolean 8. predator: Boolean 9. toothed: Boolean 10. backbone: Boolean 11. breathes: Boolean 12. venomous: Boolean 13. fins: Boolean 14. legs: Numeric（set of values: {0,2,4,5,6,8}）15. tail: Boolean 16. domestic: Boolean 17. catsize: Boolean 18. type: Numeric (integer values in range [1,7])

1.動物名稱：每個實例都是唯一的，2.頭髮：布林值，3.羽毛：布林值，4.雞蛋：布林值，5.牛奶：布林值，6.空氣傳播：布林值，7.水生動物：布林值，8.捕食者：布林值，9.牙齒：布林值，10.脊椎：布林值，11.呼吸：布林值，12.有毒：布林值，13.鰭：布林值，14.腿：數字（值集：{0,2,4,5,6,8}），15.尾巴：布林值，16.國內：布林值，17. catsize：布林值，18.類型：數值（範圍 [1,7] 內的整數值）。

　　以下說明分類分析的步驟：

【步驟 1】 按一下網址 http://archive.ics.uci.edu/ml/datasets/zoo，出現 UCI 的視窗。

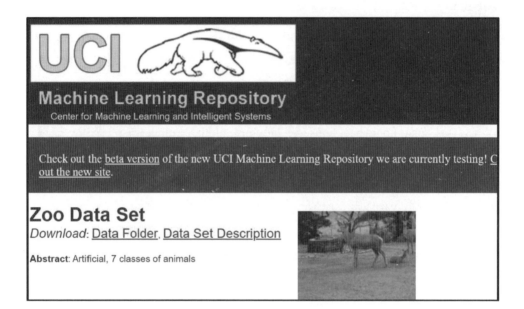

【步驟 2】 開啟 Data Folder，帶出以下視窗。

Index of /ml/machine-learning-databases/zoo

- Parent Directory
- Index
- zoo.data
- zoo.names

Apache/2.4.6 (CentOS) OpenSSL/1.0.2k-fips SVN/1.7.14 Phusion_Passenger/4.0.53 mod_perl/2.

【步驟3】　點選「zoo.data」，出現另存新檔，此處選擇桌面，存檔類型為 *.data，按「存檔」。

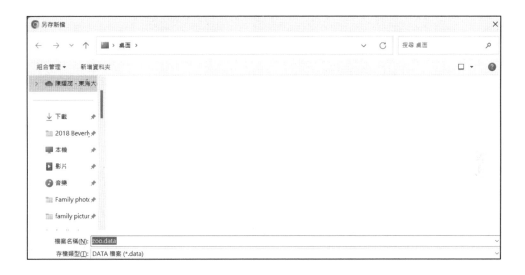

【步驟4】　選擇以筆記本（Notes）開啟，然後按檔案中的「另存新檔」，此處 也儲存於桌面。

【步驟 5】 以 Libreoffice Calc 開啓桌面的 zoo.data，帶出以下畫面。

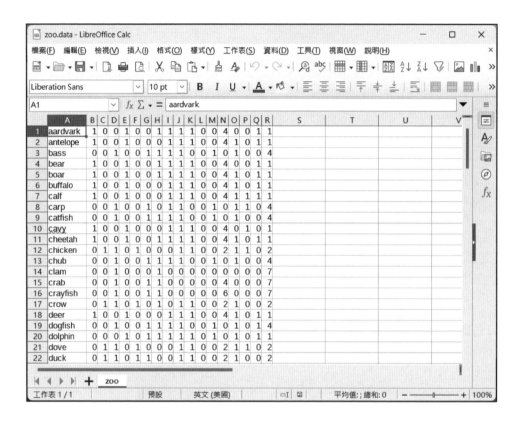

* 它是與 Microsoft Excel 功能相當的試算表軟體，可以開啓或儲存爲 Excel 的
  檔案格式，可存爲多種格式 ODF、Excel (xls/xlsx)、CSV 等格式。

【步驟 6】 存檔類型選擇文字 .csv (*.csv)，按「儲存」，檔案即以 CSV 格式儲存於桌面上。

【步驟 7】 按一下「zoo.name」儲存於桌面後，同樣以 Libreoffice Calc 開啓，出現屬性資訊。

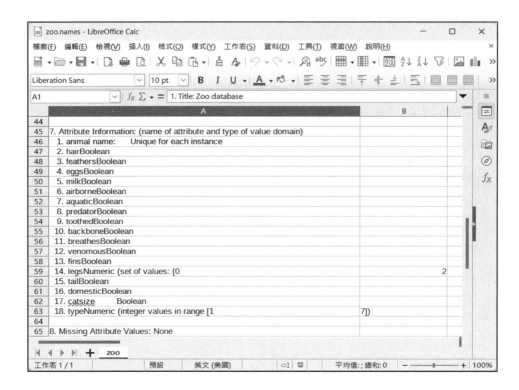

【步驟8】 開啟 zoo.csv 數據檔,空出第 1 列以手動新增後,表格如下圖所示,
再儲存於桌面。

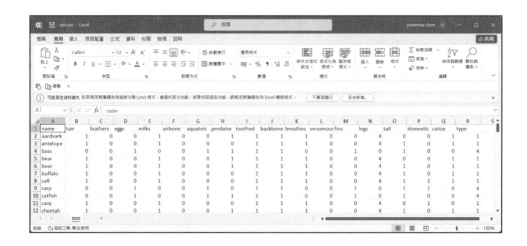

此資料集是針對動物園裡的動物們去分析各項特徵，最後一行 type（1~7）代表的是它們在生物學上的分類。除了第 1 行姓名是文字、第 14 行的 legs 是間斷型資料，其餘欄位都用 Boolean 值來呈現，1 代表「是」或「有」，0 代表「否」或「無」。

我們就用 Weka 實際操作看看吧。開啟 Weka 點選 Explorer 進入使用介面，在預處理（preprocess）的書籤中 open file 打開檔案，用 edit 這項功能檢視你的資料並做出修改，在此時我發現 frog 重複出現了，右鍵刪掉其中一個。

【步驟 9】　開啟 Weka 後，點一下「Explorer」。

【步驟 10】　於 Preprocesses 的 Open file，選擇桌面的 zoo.csv，分類屬性即自動以最後一欄的 type。確認 type 是 nomial 型。

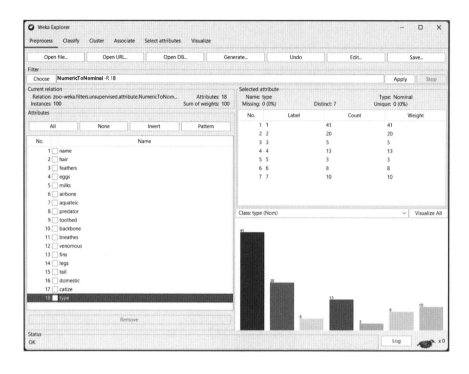

【步驟 11】點選「Classify」頁籤，勾選「Use training set」。

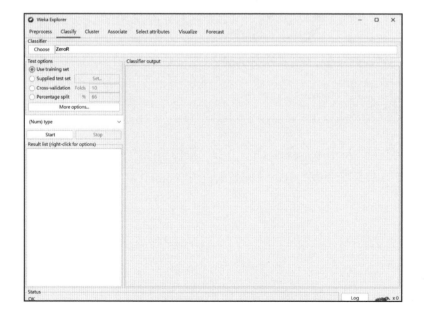

【步驟 12】按一下「Choose」，從下拉清單中的 trees 選擇「J48」。

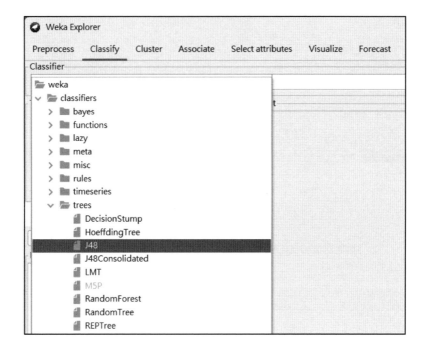

【步驟 13】按「Start」，得出如下圖的輸出結果。

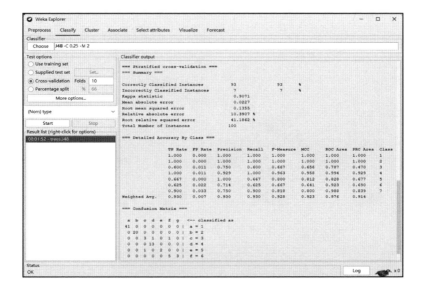

【步驟 14】從 Result list 下方按一下，點選「Visualize tree」。

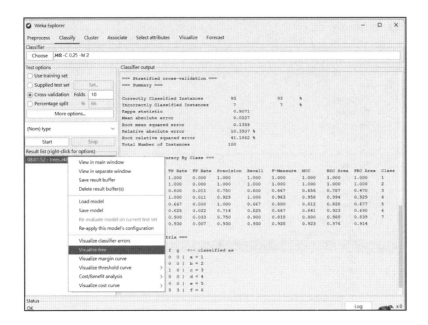

【步驟 15】出現如下樹形圖。

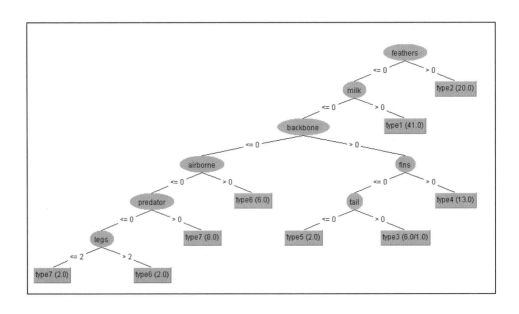

　　Weka 已幫你整理出決策樹了，而這個決策樹能夠準確分出 93% 的資料，從以上圖表可以看出，電腦大多的分類都是準確的。從上圖結果可以看出，有沒有羽毛是超級重要的因素，只要一有羽毛就被歸類成鳥類。其次是哺乳行為，一樣是決定性因素，有哺乳行為就直接是哺乳類。之後再往下看形成較細的枝葉，提供更詳細的判斷方法。

5.2 隨機森林（Random Forest）

　　隨機森林的概念比較特別，森林裡有很多樹，所以隨機森林是結合許多決策樹（分類器），來增進最後的運算結果。資料會被分成訓練組以及測試組，在這個演算法左邊欄位有個 percentage split 的意思就是要拿多少比例的資料去訓練（預設是 66%），剩下的資料就會拿來測試。

1. 每次隨機抽取定量的訓練組資料製作決策樹，丟入測試組的資料去判斷。

2. 接著針對決策樹判斷錯誤的地方增加權重，再訓練一次

　　最後將很多決策樹的資料去做平均，隨機森林就完成了！如下圖，隨機森林因為是由很多資料平均出來的，所以可以提供較高的準確度。除此之外，因為有大量隨機抽取的決策樹，比起單一決策樹有更大的誤差包容力。以下是隨機森林的操作步驟：

【步驟 1 】 從 classifiers 改成點選「RandomForest」。

【**步驟2**】 Test options 選擇 Use training set，按一下「Start」，得出如下圖的
輸出結果。

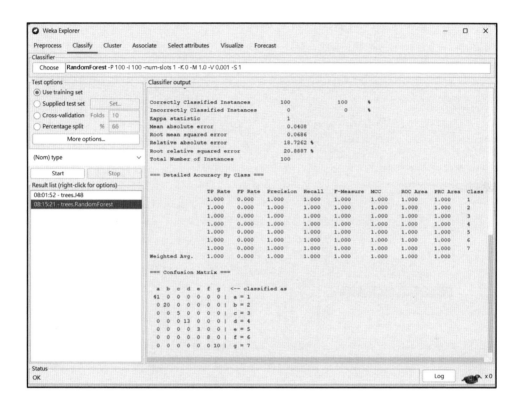

【步驟 3】 按一下「Result list」，從選單中點選「Visualize classifier error」。

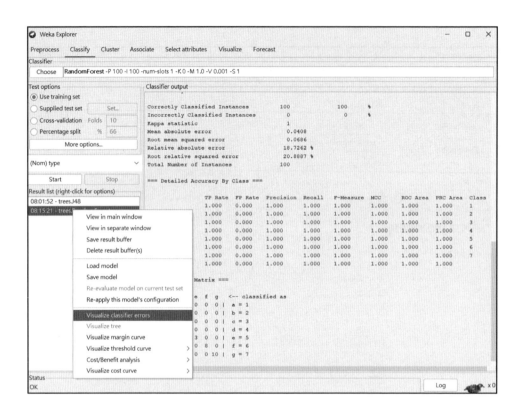

【步驟 4】 出現如下圖的分類圖。

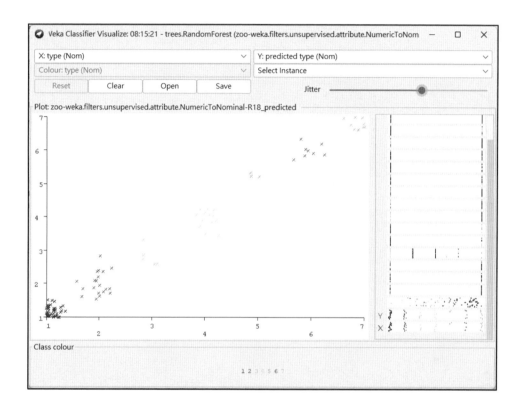

　　Weka 能幫你整理出分類圖，而這個分類圖能夠準確分出 100% 的資料。從以上圖表可以看出，電腦大多的分類都是準確的。Weka 中的分類器被設計成經過訓練後可以預測一個 class 屬性，也就是預測的目標。有的分類器只可用來學習分類型的 class 屬性；有的則只可用來學習數值型的 class 屬性（迴歸問題）；還有的兩者都可以學習。

　　預設的，資料集中的最後一個屬性被看作 class 屬性。如果想訓練一個分類器，讓它預測一個不同的屬性，點擊「Test options 欄」下方的那一欄，會出現一個屬性的下拉清單以供選擇。

第6章　集群分析

本章內容

　　集群的概念是將一群雜亂、沒有標籤的資料，利用它各個屬性資料的不同去分類。就像把有羽毛的和沒有羽毛的、兩隻腳和四隻腳的做出區別。理想的集群會使「單一群體內」的特徵相似，讓「不同群之間」的差異放大。像是我們可以分析學生在蝦皮購物購買的資料進行集群，之後可以針對特定群體放上對應的促銷或是廣告。

　　本章節中的例子中使用「K 平均法」、「階層式集群法」、「EM 法」等演算法來說明。

6.1 K 平均法（K-means）

　　K 平均法的理念是將所有資料都分到 K 個群之中。先設定好你希望分幾個群之後，電腦會先隨機給定 K 個點的位置作為群中心。

1. 將其餘的所有點歸類到離它距離最近的群中心
2. 最後再取出每個群內樣本們的中心點作為新的群中心。

　　以上兩步驟會循環進行，直到群中心的位置不再變動。

　　本章採用的資料集與第 5 章相同，仍為加州大學爾灣分校（University of California, Irvine）所提供的「zoo.dataset」，此取材自 http://archive.ics.uci.edu/ml/datasets/zoo。

　　那麼要如何將這個概念運用在這筆資料呢？動物們各有不同的特徵，利用這些特徵把它們做出區隔！確認欄位中的資訊做出的分類和生物學上的分類有多大差別？

　　以下利用此資料集，說明 K 平均法集群分析的步驟。

【步驟 1】至【步驟 8】，與第 5 章相同。

【步驟 9】　啟動 Weka 後，點一下「Explorer」。

【**步驟 10**】於 Preprocesses 的 Open file，選擇桌面的 zoo.csv，分類屬性即自動
以最後一欄的 type 作為目標屬性。但要將屬性改成 nominal 型。改
法可參考第 4 章說明。

【**步驟 11**】點選「Cluster」頁籤，點一下「choose」，出現下拉清單，選擇 SimpleKMeans 進入編輯頁面。

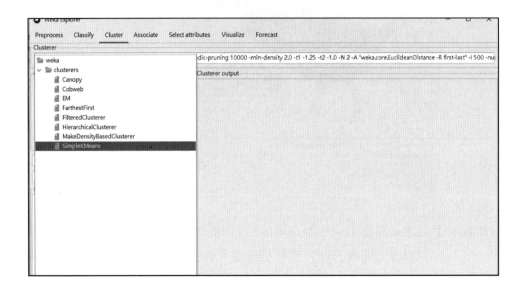

【**步驟 12**】在 numClusters 欄位中選擇你希望分多少群。本例子中 100 種動物本來被分成 7 群，所以 K 值也先預設是 7。在 Choose 旁右鍵按一下，出現 show properties，numClusters 設為 7。

weka.gui.GenericObjectEditor	✕

weka.clusterers.SimpleKMeans

About

Cluster data using the k means algorithm.　　　More　Capabilities

canopyMaxNumCanopiesToHoldInMemory	100
canopyMinimumCanopyDensity	2.0
canopyPeriodicPruningRate	10000
canopyT1	-1.25
canopyT2	-1.0
debug	False
displayStdDevs	False
distanceFunction	Choose　EuclideanDistance -R
doNotCheckCapabilities	False
dontReplaceMissingValues	False
fastDistanceCalc	False
initializationMethod	Random
maxIterations	500
numClusters	7

Open...　Save...　OK　Cancel

【步驟13】除了 K-means 本身的結果之外，仍想要比較生物學以及 K-means 兩種分類方式的差別，所以在左邊欄位選擇 Classes to clusters evaluation。

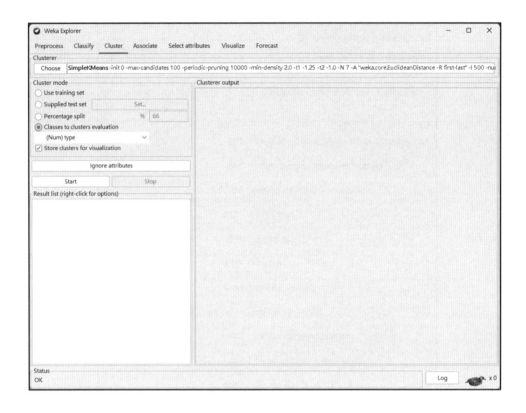

【步驟14】按「Start」，出現 class 必須為名義型的警告。

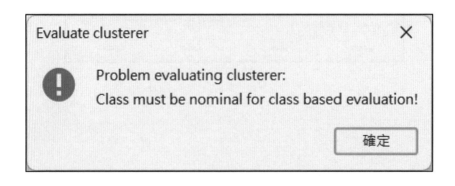

【步驟 15】回到 Preprocesses 後，右鍵按一下「Choose」，選擇 Numeric to nomial，在 Choose 旁按一下，出現 show properties，按一下出現小視窗，將 attributeindices 改成 18，按「Apply」，再按「OK」。

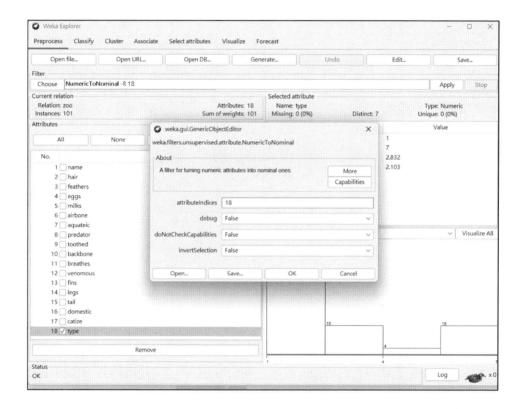

【步驟 16】於是 type 即變成 nomial 型。再回到 Cluster 頁籤，按「Start」。

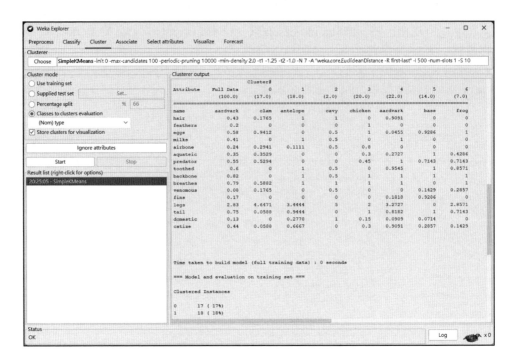

從上圖可以看到，原本的 Full Data 共 100 種動物被依照 16 個項目的差異分出 7 個群，其中除了 leg 欄位以外都是介於 0~1 的正數，代表的是在這個群之中有多少比例的動物符合該特徵。以第二列的 feather（是否有羽毛）來說，只有 Cluster 3 內的動物有此特徵，且通通都有！就可以輕而易舉的推斷出 Cluster 3 是鳥類。

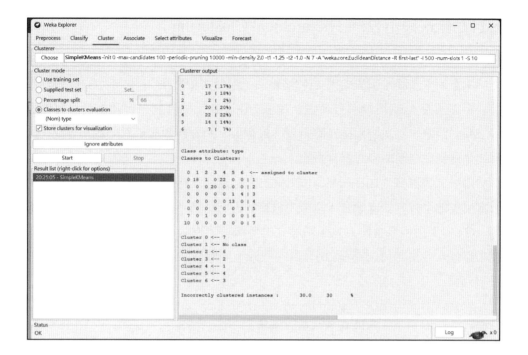

讓我們藉由上圖來看生物學（type）以及 K-means（Cluster）兩種分類方式的差別，遺憾的是，並不是所有都像前面的例題，能夠完美的從 Cluster 3 對應到 type 2（鳥類）。兩種方法仍有 30% 的差異，可能的原因是兩種分類方式的概念不同。

生物學的分類和進化論有點關係，也是依賴特徵去區分，但以「共同特徵為先，個別特徵在後」為前提，溯源至該特徵的起源來分類。此外生活環境相似的物種受到「趨同演化」的影響，傾向演化出相同易於生存的特徵，然而相同祖先的後代們因資源的競爭，傾向演化出可以在各種環境生存的不同構造，此稱為「趨異演化」。這些差異是只看當下生物學特徵的 K-means 會忽略的。

6.2 階層式集群法（Hierarchical Clustering）

本章節來談談不需先給 K 值的演算法：階層式集群法。

不先預設 K 值讓資料自動由上往下／由下往上結合起來，藉由計算每個資料之間的距離，每次將兩個距離最近（最相似）的資料合成一群，直到變成一大群或是達到你想要的停止條件為止。

階層式集群法（Hierarchical Clustering）透過一種階層架構的方式，將資料層層反覆地進行分裂或聚合，以產生最後的樹狀結構，常見的方式有 2 種：

(1) 如果採用聚合的方式，階層式集群法可由樹狀結構的底部開始，將資料或集群逐次合併；(2) 如果採用分裂的方式，則由樹狀結構的頂端開始，將集群逐次分裂。

聚合式階層集群法（agglomerative hierarchical clustering）由樹狀結構的底部開始層層聚合。一開始我們將每一筆資料視為一個集群（cluster），假設我們現在擁有 n 筆資料，則將這 n 筆資料視為 n 個集群，亦即每個集群包含一筆資料：

1. 將每筆資料視為一個群 C_i, $i = 1,..., n$。
2. 找出所有集群間，距離最接近的兩個集群 C_i、C_j。
3. 合併 C_i、C_j 成為一個新的集群。
4. 假如目前的集群數目多於我們預期的集群數目，則反覆重複步驟二至四，直到集群數目已降到我們所要求的數目。

整體來說，階層式集群法的優點有：

1. 概念簡單，可用樹狀結構來表現整個計算過程。
2. 只需要資料點兩兩之間的距離，就可以建構集群結果，而不需要資料點的實際座標。因此每一個資料點可以表示一個物件，而不必是空間中的一點。

但是，階層式集群法也有缺點，它通常只適用於少量資料，很難處理大量資料。所以，階層式集群法和 K-means 最大的差別是，你能從樹狀圖中了解集群的每個步驟，幫助你找出哪個組合比較有意義，並從中思考你希望分成幾個集群。

以下利用此數據，說明「階層式集群法」的步驟：

【**步驟 1**】　於「Cluster」頁籤下選擇 HierachicalCluster，如下圖所示。

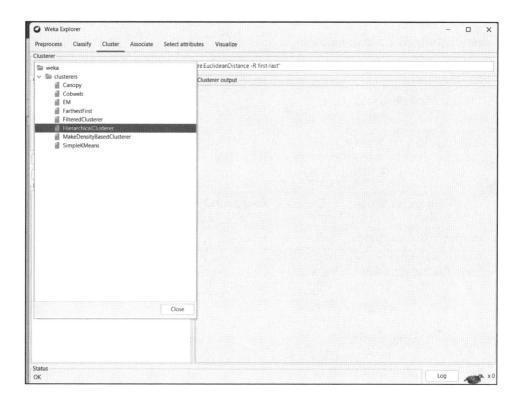

【步驟2】 為了便於比較，此處仍將集群數設為 7。

weka.gui.GenericObjectEditor	✕

weka.clusterers.HierarchicalClusterer

About

Hierarchical clustering class.

[More]
[Capabilities]

debug	False ⌄
distanceFunction	[Choose] **EuclideanDistance** -R first-last
distanceIsBranchLength	False ⌄
doNotCheckCapabilities	False ⌄
linkType	SINGLE ⌄
numClusters	7
printNewick	True ⌄

[Open...] [Save...] [OK] [Cancel]

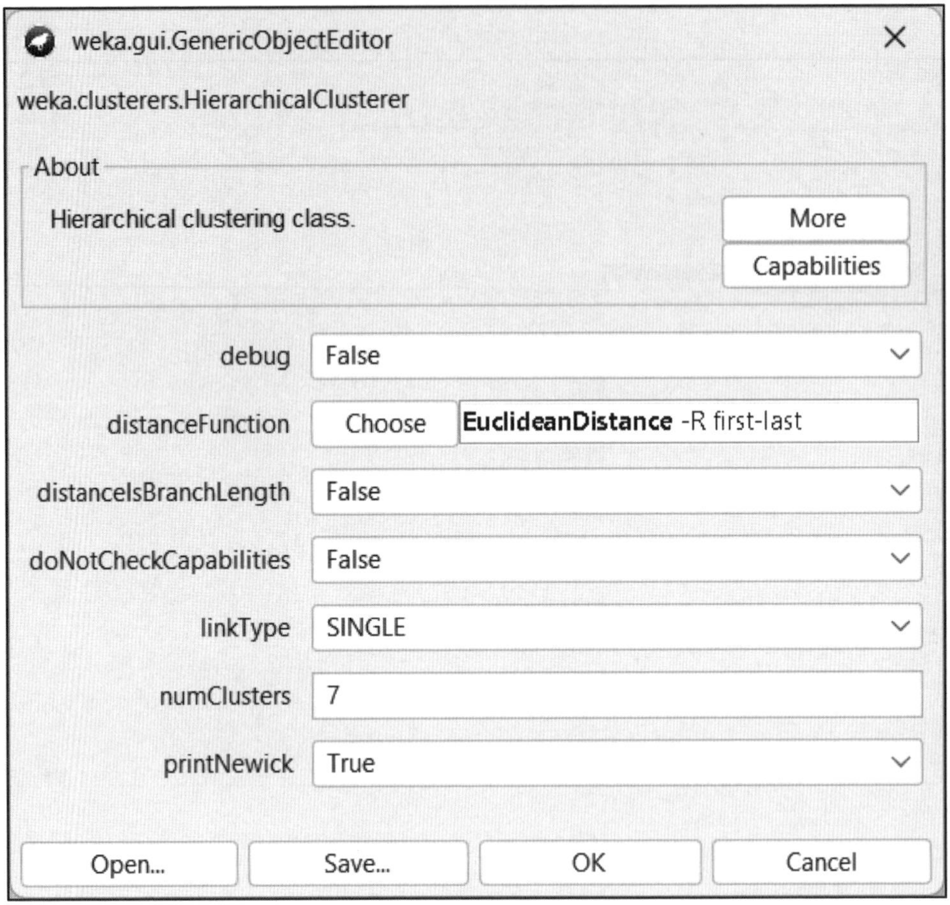

【**步驟3**】　按「Start」，得出如下結果。

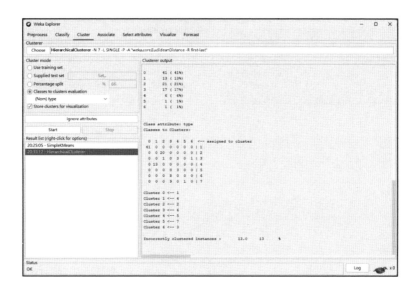

　　從生物學以及 Hierachical Cluster 兩種的分類方式來看，只有 13% 的錯誤率，比 K-means 降低了許多。按一下「Visualize」，得出下圖，按一下最右邊的方格。

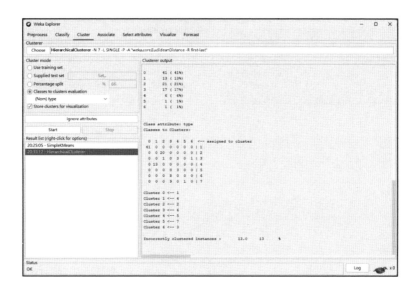

【步驟 5】　移動 Jitter，得出如下清晰的集群圖。

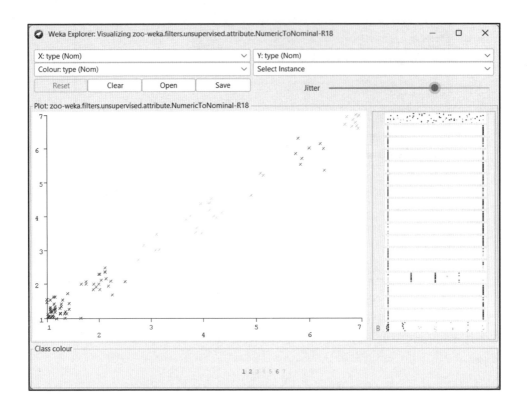

【步驟 6】　在 Result in list 的下方右鍵按一下，出現下拉選單，點選「visualize tree」，得出如下樹狀圖（dendrogram）。

　　階層集群分析法通常可用樹狀圖表示。可以顯示集群與子集群的關係，以及集群被合併／分割順序，使用距離矩陣作為集群條件。除此法之外，其他方法並未出現樹狀圖。

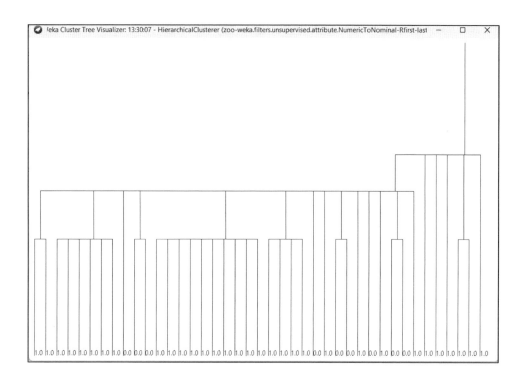

如上圖，此方法也比 K-means 更精準的估計生物分類，對於 type 1, 2, 4 的集群幾乎一樣（哺乳類、鳥類、魚類），推測可能因爲樹狀圖的分析法和生物分類尋找共同祖先特徵的本質更相似。

6.3 EM 法（Expectation Maximization, 期望最大化法）

另外，EM 是使用高斯分配（Gaussian Distribution），也就是用常態分配來描述該案例隸屬於某群集的機率密度，利用此機率函數來取代剛性群集的距離函數。

在 EM 群集中，演算法會反覆地精簡初始群集模型以符合資料，並判斷資料點存在於群集內的機率，演算法會在機率模型符合資料時結束此程序。一開始的

預設值為 -1，其意思代表的是讓 EM 自己決定要分幾群。

　　EM 的表達方式與 K-Means 略為不同，若 EM 的欄位屬性屬於名義資料，則欄位屬性當中的每個選項，都會有一個數值與其呼應，該數值代表的即是那個選項發生的機率；若屬於數值資料，則會顯示其平均數與標準差。使用 EM 的分析結果如下圖所示。

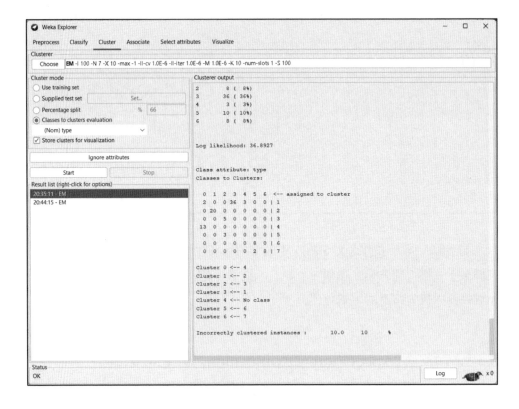

　　在對一個資料集進行集群時，經常遇到某些屬性應該被忽略的情況。Ignore attributes 可以彈出一個小視窗，選擇哪些是需要忽略的屬性。點擊視窗中單個屬性將使它變亮顯示，按住 SHIFT 鍵可以連續的選擇一串屬性，按住 CTRL 鍵可以決定各個屬性被選與否。點擊 Cancel 按鈕取消所做的選擇。點擊 Select 按鈕決定接受所做的選擇。下一次集群演算法運行時，被選的屬性將被忽略。

第7章　關聯規則分析

本章內容

7.1 數據分析中的經典案例

7.2 關聯規則（Association Rule）

7.1 數據分析中的經典案例

　　行銷學中有個經典的案例，尿布與啤酒。內容講的是：超市裡經常會把嬰兒的尿布和啤酒擺放在一起販售，原因是經過數據分析後發現，出來買尿布的父親群組中，在買尿布的同時若看到了啤酒，將有很大的機率同時購買，因此，若能將尿布與啤酒擺放在一起就能提高啤酒的銷售量。這個案例多數讀者可能都已嫻熟，但若要說明情境的本質與應用的演算法，可能就會開始遲疑。

　　其實，這種透過研究消費者的消費商品數據，將不同商品之間進行關聯，並探勘兩者之間聯繫的分析方法，稱為商品關聯分析法，也就是購物籃分析。購物籃分析在電商分析和零售分析中應用相當廣泛，但是很多人僅僅是照貓畫虎，做一點表面的購買率關聯分析就行了，其實真正的商品關聯分析可不是這麼淺顯簡單。商品關聯分析中有很多的指標體系，一般來說有下面 3 種比較常見：

1. 支持度

　　支持度是指 A 商品和 B 商品同時被購買的機率，或者說某個商品組合的購買次數占總商品購買次數的比例，用圖表示就是兩者之間的交集。

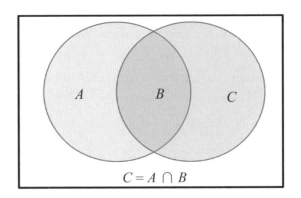

$$C = A \cap B$$

　　支持度公式：$S = F[(A\&B)/N]$

　　其中 S 代表支持度，F 代表機率函數，$A\&B$ 代表購買了 A 且購買了 B 的次數，N 代表購買總次數。

譬如，今天共有 10 筆訂單，其中同時購買牛奶和麵包的次數是 6 次，那麼牛奶 + 麵包組合的信賴度就是 6/10 = 60%

2. 信賴度

信賴度是指購買 A 之後又購買 B 的條件機率，簡單說就是因為購買了 A 所以購買了 B 的機率，用圖表示就是交集在 A 中的比例。

信賴度公式：$C = F(A\&B)/F(A)$

其中 C 代表信賴度，F 表示條件機率，$A\&B$ 代表購買了 A 且購買了 B 的次數，A 代表購買 A 的次數。

比如今天共有 10 筆訂單，其中購買 A 的次數是 8，同時購買 A 和 B 的次數是 6，則其信賴度是 6/8 = 75%

3. 提升度

提升度是先購買 A 對購買 B 的提升作用，用來判斷商品組合方式是否具有實際價值，換句話說，就是看組合商品被購買的次數是否高於單獨商品的購買次數，> 1 說明該組合方式有效，< 1 則說明無效。

提升度公式是：$L = S(A\&B)/[F(A) * S(B)]$

其中，L 代表提升度，$S(A\&B)$ 代表 A 商品和 B 商品同時被購買的支持度，代表商品 A 被購買的機率與 B 被購買機率的乘積。

譬如，今天共有 10 筆訂單，購買 A 的次數是 8，購買 B 的次數是 4，購買 A + B 的次數是 6，那麼提升度是 0.6/(0.8 * 0.4) > 1，因此 A + B 的組合方式是有效的。即，它就是在大量數據中找尋資料彼此之間的關聯性。它是透過 2 種主要的方式來進行分析，即頻繁項集、關聯規則。

(1) 頻繁項集（Frequent Itemsets）：經常一起出現的物品集合。

(2) 關聯規則（Association Rules）：表達數據之間的可能存在很強關聯性。

分析主要透過計算支持度（support）與信賴水準（confidence）來探勘數據間關聯性程度，即強或弱。以下會針對關聯規則來分析（Association Rule），

在 Weka3.8.6 的介面上使用 Apriori 、Fp-Growth 以及 Hotspot 3 種不同的演算法講解及操作。

本章採用的資料集，仍為加州大學爾灣分校（University of California, Irvine）所提供的「zoo.dataset」，http://archive.ics.uci.edu/ml/datasets/zoo 。

關於資料的取得以及預處理的步驟，請參考第 5 章，在這裡就不重複說明。此資料集針對動物園的動物們去分析各項特徵，最後一行 type（1~7）代表的是它們在生物學上的分類。除了第 1 行名稱是文字、第 14 行的 legs 是間斷型資料，其餘欄位都用布林值（Boolean）來呈現，1 代表「是」或「有」，0 代表「否」或「無」。

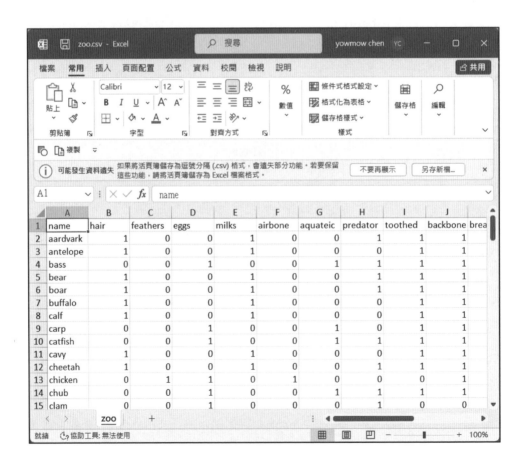

7.2 關聯規則（Association Rule）

關聯規則就是從大量的資料中「找出屬性間的關聯性」的方法。它最經典的應用就是「購物籃分析」，而著名的「啤酒與尿布」事件也是由此而來。關聯規則的一個應用是從眾多的網購的消費紀錄中抓出消費規則，例如人們買手機的同時會搭個手機皮套，所以賣家就可以把有關聯的商品在搜尋頁面上同時呈現以增進銷量。以下是關聯規則常用的分析方法：

7.2.1 Apriori

Apriori 其實就是 a priori，也就是先驗性（apriority），意指從事前的知識推導，所以 Apriori 就是以上次搜索的結果為基礎再進行下一階段的搜索，最後得到最終的關聯性。最耗費時間的方法則是把所有配對可能性窮舉出來驗證，從中找出符合最小支持度以及最小信賴度的配對，稱為頻繁項目集合（Frequent Itemset）。Apriori 相對此法的差別在於 Apriori 會使用 Apriori 性質來篩選資料：

1. 頻繁項目集合的子集合都得是頻繁項目集合。
2. 從 1. 可推導出所有包含非頻繁項目集合的集合都不是頻繁項目集合。

所以當一個集合被發現不是頻繁項目集合時，所有包含它的母集合通通不會被考慮進去，此法可以加快資料分析的速度！通常實際資料會很龐大，但也是從頭依照上述規則一再進行。不斷地利用 Apriori 性質列出所有符合條件的項目，再用自己設定的標準去篩檢是否符合最小支持度與信賴度。不斷重複以上順序就可以找到最具關聯的項目集！

讓我們來驗證上述說明吧！在 Associator 中選擇 Apriori，這次要來分析動物園動物們各個特徵之間的關聯性！所以把生物學分類（type）和動物名稱（name）這兩項拿掉。因為 Apriori 不能處理連續的數值型（numeric）資料，只能處理名義資料（nominal）。在 preprocess 頁籤的 filter 選擇 NumericToNomial 功能。以下讓我們使用 Weka 操作看看。

【步驟1】 開啓 Weka 點選「Explorer」進入使用介面，在「預處理（Preprocess）」頁籤中，點一下「Open file」開啓檔案。

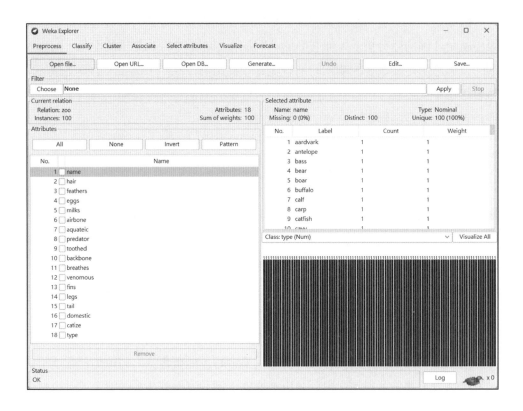

【步驟2】 按一下「Choose」，依序從 weka → filters → unsupervised → attribute → NumericToNominal，之後按「Apply」。

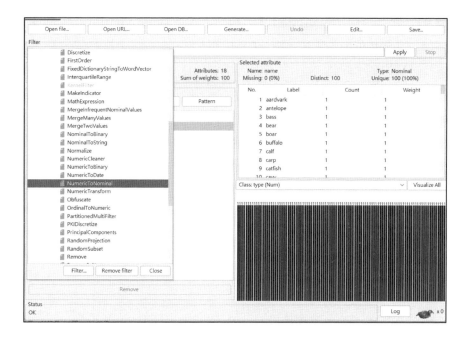

【**步驟3**】 所有屬性全部皆改成 nomial 類型。點選「Associate」頁籤，出現 Apriori，按「Start」。

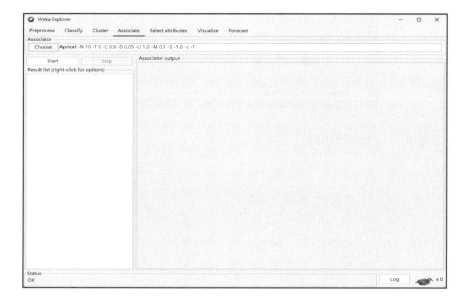

【步驟4】 於 choose 旁的 Apriori 上方按一下，從 show properties 的 about 中將
numRules 改成 10，按「OK」。

出現如下 10 個關聯規則。

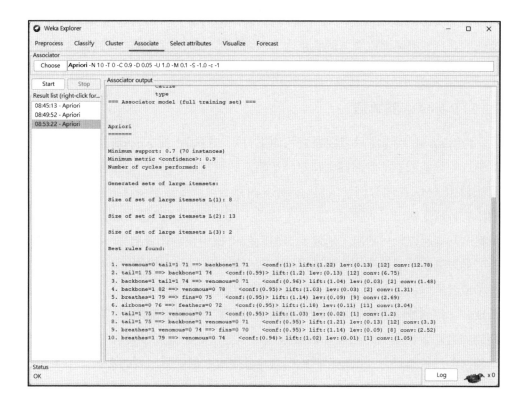

以上是分析的結果，找出了 10 個規則，挑幾個比較有演化意義的來解釋。

1. 尾巴和脊椎之間的關係，尾巴的構造相當於哺乳動物的薦骨和尾骨部分，通常是脊椎動物的獨有特徵，所以互相都有接近 1 的信賴度。把有沒有毒納入比較的原因是青蛙，有些品種有毒，且蝌蚪時期有尾巴，算是比較特殊的例子。

2. 會呼吸的都沒有鰭：就是指水生與陸生動物的不同，鰭的功能可以在游泳時穩定魚的身體，所以有鰭的多數是水生動物，在此分類的呼吸定義可能侷限在空氣中。

3. 不會飛的動物都沒有羽毛：羽毛依特定的方向對身體形成有保護作用的隔熱層，可以在飛行時保持體溫，也有穩定飛行和保護色的作用，故陸生和水生動物不會演化出此構造，大多用毛皮來禦寒。羽毛的演化有一說是從爬蟲類的鱗片而來，也一定程度支持了鳥類和爬蟲類之間演化的順序性。

從分析步驟中明顯看出 Apriori 無法處理連續型的資料。雖然 Apriori 已經透過本身特性過濾掉許多無關的集合，不過，每一層都還要重新掃過資料仍舊顯得效率不夠。

7.2.2 FP-growth **演算法**

FP-growth 演算法只需要對資料庫進行兩次掃描，而 Apriori 演算法對於每個潛在的頻繁項集都會掃描資料集判定給定的模式是否頻繁，因此 FP-growth 演算法要比 Apriori 演算法快。FP-growth 演算法只需要掃描兩次資料集，第一次對所有資料元素出現次數進行計數，第二次只需考慮那些頻繁的元素。發現頻繁項集的基本過程分為兩步，構建 FP 樹和從 FP 樹中探勘頻繁項集。

簡單來說，演算法的目的就是在多個出現的資料項中找到出現次數最多的資料項或者資料項集合，這裡的最多指的是出現次數大於等於給定的閾值（最小支援度）。找到單個數據項的次數較為簡單，只需要遍歷計數即可，但是對於資料項的組合即資料項集的出現次數較難確定，譬如，某個資料項 A 與資料項 B 的出現次數都是頻繁的，但是它們的組合也就是說它們同時出現的次數卻不頻繁。資料集中出現較為頻繁的資料項組合我們成為頻繁項集，該頻繁項集的大小 ≥ 1。FP-growth 演算法就是探勘資料中的頻繁項集演算法中的一種。

以下介紹一個效率更高的演算法 Fp-Growth，此處另以 adult.data 來說明。

【步驟1】 首先，我們一樣要在 Weka 3.8.6 的 Preprocess 頁面，將上方 Filiter 裡面的數值屬性資料轉換成名義屬性資料（選擇 Choose → weka → filters → unsupervised → attribute → NumericToNomial），即完成了資料集內的欄位屬性轉換，但一樣記得最後要按下右方的「Apply」才會生效。

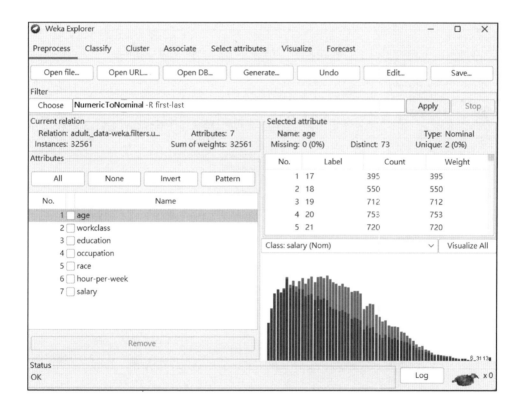

【**步驟2**】 接下來新的步驟,是要把上方 Filiter 裡面的名義屬性資料轉換成二分類資料(選擇 Choose → weka → filters → unsupervised → attribute → NomialToBinary),即完成了資料集內的欄位屬性轉換,但一樣記得最後要按下右方的「Apply」才會生效。

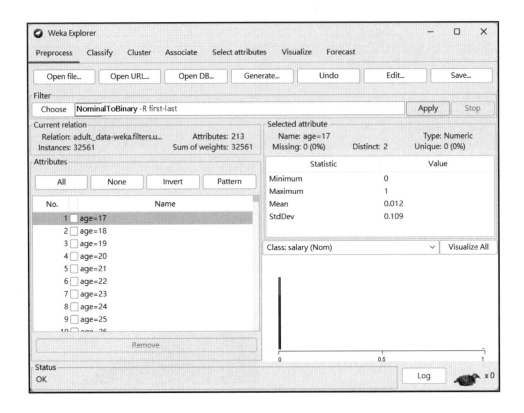

【步驟 3】　接下來是選擇 NumericToBinary，選擇完成之後先不要急著按下
　　　　　　「Apply」，還要執行一個動作！請用滑鼠點一下 Choose 與 Apply
　　　　　　中間長長的白色框框，這時會跑出設定參數的頁面，請把裡面的
　　　　　　「ignoreClass」改成 True。按「OK」，再按「Apply」。

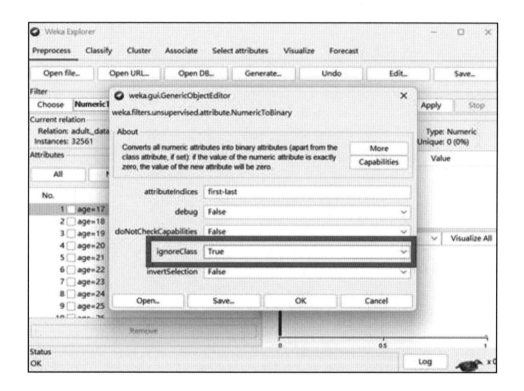

【步驟 4】　將頁面最上方切換到 Associate，按「Start」執行 FP-Growth（原本
　　　　　　還沒轉換之前，FP-Growth 會是呈現灰白字狀態，就算點選了，
　　　　　　Weka 3.8.6 也不會讓你按「Start」去分析）。

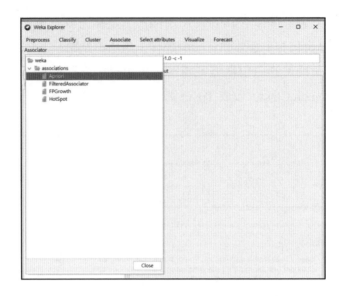

【步驟 5】 下圖就是我們用 FP-Growth 所運行出來的結果。

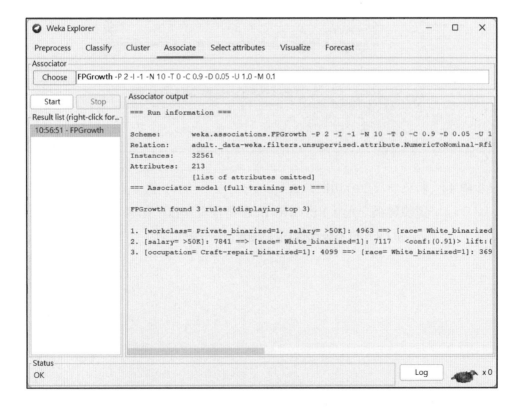

　　FP-Growth 總共判別出 3 種關聯性，分別是「在私人企業工作、且年收入大於 5 萬美元、且人種為白人」、「年收入大於 5 萬美元、且人種為白人」，以及「職業為工藝修復師、且人種為白人」，共上述 3 種具有關聯性的結果。

　　在 FP-Growth 的結果當中，會多顯示 binarized 的原因，是因為在 Preprocess 已經把每個欄位屬性都轉換成二分類的性質了，因此，這是代表被轉成二分類之後的欄位屬性。接下來，我們就統一針對兩種不同方法所得到的相同結果，一起針對結果來做出解釋，並歸納結論與看法。

7.2.3 HotSpot

　　HotSpot 演算法是 Weka 中需要另外安裝的套件，根據使用者所感興趣的目標項目來找尋最大化或最小化的一套樹狀結構規則，可於找尋類別類型與數值類型等各種資料類型的規則。在處理類別變項的時候，HotSpot 演算法會在最小支持度的限制下找尋該類別出現機率較多的變項；而處理連續變項的時候，HotSpot 則會找出大於整體平均數的規則。

【步驟 1】　開啟「Open file」，點選「adult_data（.csv）」。

【步驟 2】 在 Associate 頁籤下，按一下「Choose」，從中選擇 Hotpot。

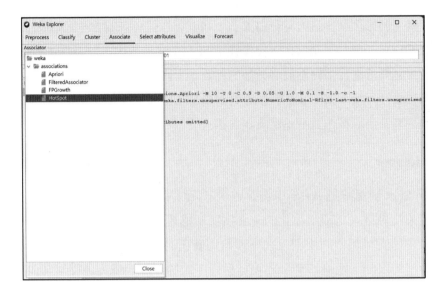

【步驟 3】 按「Start」，得出如下輸出結果。

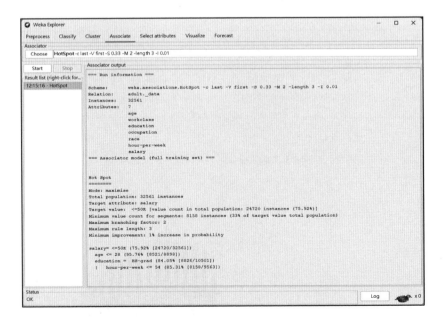

　　各資料項目的關聯度若過低，分析的結果其實都沒有什麼意義存在。此外，若數據發現有遺漏值時，數據的遺漏值處理方法如下：

Weka ➡ filters ➡ unsupervised ➡ attribute ➡ ReplaceMissingValues

　　對於數值屬性，用它的平均值代替遺漏值，對於 nominal 屬性，用它的 mode（出現最多的值）來代替遺漏值。

　　若數值屬性有離群值（outlier）或極端值（extremevalue）時，可使用下列四分位距進行處理：

Weka ➡ filters ➡ unsupervised ➡ attribute ➡ InterquartileRange

第8章　時間序列分析

本章内容

8.1 時間數列數據的迴歸分析模型

8.2 利用 Weka 進行的時間序列預測

8.3 Weka 提供 7 種評估指標

8.1 時間數列數據的迴歸分析模型

在 3 個時間數列數據之中 $\{y(t)\}, \{x_1(t)\}, \{x_2(t)\}$ 之中，如將 $y(t)$ 設爲依變數，$x_1(t), x_2(t)$ 設爲自變數時，試考察以下的模式。

$$\begin{cases} y(t) = a + b_1 x_1(t) + b_2 x_2(t) + r(t) \\ r(t) = \rho \cdot r(t-1) + u(t) \end{cases}$$

其中，$r(t)$ 是使用自我迴歸 AR(1) 模式所表現的殘差（＝誤差），因此，$u(t)$ 當作白色干擾（white noise）。

複迴歸分析的模式可以如下表示，即

$$y_i = \alpha + \beta_{1i} + \beta_{2i} + \varepsilon_i$$

因之，時間數列數據的迴歸分析可以想成是

「複迴歸分析模式＋自我迴歸模式」

時間數列 $\{x(t)\}$ 滿足

◆ $x(t)$ 服從平均 0，變異數 σ^2 的分配。

◆ 對所有的 t 而言，自身相關爲 0 時，稱爲不規則變動（white noise）。

下表的數據是從 1930 年到 1998 年調查英國國內的酒消費量、國民所得、物價指數所得者。將酒消費者當作依變數，將國民所得與物價指數當作自變數，試進行時間數列數據的迴歸分析看看。

酒的消費量與國民所得、物價指數的關係

No.	年	酒消費量	国民所得	物価指数	No.	年	酒消費量	国民所得	物価指数
1	1930	1.9565	1.7669	1.9176	36	1965	1.9139	1.9924	1.9952
2	1931	1.9794	1.7766	1.9059	37	1966	1.9091	2.0117	1.9905
3	1932	2.0120	1.7764	1.8798	38	1967	1.9139	2.0204	1.9813
4	1933	2.0449	1.7942	1.8727	39	1968	1.8886	2.0018	1.9905
5	1934	2.0561	1.8156	1.8984	40	1969	1.7945	2.0038	1.9859
6	1935	2.0678	1.8083	1.9137	41	1970	1.7644	2.0099	2.0518
7	1936	2.0561	1.8083	1.9176	42	1971	1.7817	2.0174	2.0474
8	1937	2.0428	1.8067	1.9176	43	1972	1.7784	2.0279	2.0341
9	1938	2.0290	1.8166	1.9420	44	1973	1.7945	2.0359	2.0255
10	1939	1.9980	1.8041	1.9547	45	1974	1.7888	2.0216	2.0341
11	1940	1.9884	1.8053	1.9379	46	1975	1.8751	1.9896	1.9445
12	1941	1.9835	1.8242	1.9462	47	1976	1.7853	1.9843	1.9939
13	1942	1.9773	1.8395	1.9504	48	1977	1.6075	1.9764	2.2082
14	1943	1.9748	1.8464	1.9504	49	1978	1.5185	1.9965	2.2700
15	1944	1.9629	1.8492	1.9723	50	1979	1.6513	2.0652	2.2430
16	1945	1.9396	1.8668	2.0000	51	1980	1.6247	2.0369	2.2567
17	1946	1.9309	1.8783	2.0097	52	1981	1.5391	1.9723	2.2988
18	1947	1.9271	1.8914	2.0146	53	1982	1.4922	1.9797	2.3723
19	1948	1.9239	1.9166	2.0146	54	1983	1.4606	2.0136	2.4105
20	1949	1.9414	1.9363	2.0097	55	1984	1.4551	2.0165	2.4081
21	1950	1.9685	1.9548	2.0097	56	1985	1.4425	2.0213	2.4081
22	1951	1.9727	1.9453	2.0097	57	1986	1.4023	2.0206	2.4367
23	1952	1.9736	1.9292	2.0048	58	1987	1.3991	2.0563	2.4284
24	1953	1.9499	1.9209	2.0097	59	1988	1.3798	2.0579	2.4310
25	1954	1.9432	1.9510	2.0296	60	1989	1.3782	2.0649	2.4363
26	1955	1.9569	1.9776	2.0399	61	1990	1.3366	2.0582	2.4552
27	1956	1.9647	1.9814	2.0399	62	1991	1.3026	2.0517	2.4838
28	1957	1.9710	1.9819	2.0296	63	1992	1.2592	2.0491	2.4958
29	1958	1.9719	1.9828	2.0146	64	1993	1.2635	2.0766	2.5048
30	1959	1.9956	2.0076	2.0245	65	1994	1.2549	2.0890	2.5017
31	1960	2.0000	2.0000	2.0000	66	1995	1.2527	2.1059	2.4958
32	1961	1.9904	1.9939	2.0048	67	1996	1.2763	2.1205	2.4838
33	1962	1.9752	1.9933	2.0048	68	1997	1.2906	2.1205	2.4636
34	1963	1.9494	1.9797	2.0000	69	1998	1.2721	2.1182	2.4580
35	1964	1.9332	1.9772	1.9952					

　　以 SPSS 預測的結果顯示如下（有關楊秋月與陳耀茂合著的《時間數列分析：Excel 與 SPSS 應用》一書，請參考五南圖書網站）。

	酒消費量	國民所得	物價指數	year_	date_	fit_1	err_1	lcl_1
48	1.6075	1.9764	2.2082	1977	1977	1.58148	.02602	1.52486
49	1.5185	1.9965	2.2700	1978	1978	1.56249	-.04399	1.51551
50	1.6513	2.0652	2.2430	1979	1979	1.58616	.06514	1.53600
51	1.6247	2.0369	2.2567	1980	1980	1.62127	.00343	1.57489
52	1.5391	1.9723	2.2988	1981	1981	1.54602	-.00692	1.49615
53	1.4922	1.9797	2.3723	1982	1982	1.47530	.01690	1.42819
54	1.4606	2.0136	2.4105	1983	1983	1.47732	-.01672	1.43025
55	1.4551	2.0165	2.4081	1984	1984	1.46465	-.00955	1.41905
56	1.4425	2.0213	2.4081	1985	1985	1.45816	-.01566	1.41253
57	1.4023	2.0206	2.4367	1986	1986	1.41570	-.01340	1.36985
58	1.3991	2.0563	2.4284	1987	1987	1.43219	-.03309	1.38534
59	1.3798	2.0579	2.4310	1988	1988	1.39824	-.01844	1.35263
60	1.3782	2.0649	2.4363	1989	1989	1.37987	-.00167	1.33420
61	1.3366	2.0582	2.4552	1990	1990	1.35724	-.02064	1.31149
62	1.3026	2.0517	2.4838	1991	1991	1.30689	-.00429	1.26100
63	1.2592	2.0491	2.4958	1992	1992	1.29075	-.03155	1.24509
64	1.2635	2.0766	2.5048	1993	1993	1.26878	-.00528	1.22240
65	1.2549	2.0890	2.5017	1994	1994	1.27513	-.02023	1.22936
66	1.2527	2.1059	2.4958	1995	1995	1.27203	-.01933	1.22612
67	1.2763	2.1205	2.4838	1996	1996	1.27424	.00206	1.22837
68	1.2906	2.1205	2.4636	1997	1997	1.29651	-.00591	1.25082
69	1.2721	2.1182	2.4580	1998	1998	1.29585	-.02375	1.25025
70		2.1000	2.4400	.	.	1.27933		1.23340
71								
72								
73								
74								
75								

以上是利用 SPSS 分析的結果。當國民所得為 2.1，物價指數為 2.44 時，酒銷售的預測值為 1.27933。

8.2 利用 Weka 進行的時間序列預測

時間序列預測（Time Series Forecasting）使用的預測演算法可以是線性迴歸（Linear Regression）、多層感知器（Multilayer Perceptron）或支持向量機迴歸

（SMOreg）。將資料分成 4 種欄位：時間欄位（date 或 timestamp）、略過資料
（skip）、疊加資料（overlay）、觀察值與預測目標（target）。

資料的 4 種欄位

時間欄位	可以是日期，以「date」命名，格式是「yyyy-MM-dd」，例如今天是「2017-09-26」；也可以是時間，以「timestamp」命名，格式是「yyyy-MM-dd HH:mm:ss」，資料必須以日期由早到晚依序排列
略過資料	以「skip」命名，如果這一天不要納入分析或預測，則設為「true」（大小寫皆可），此時日期之外的其他欄位都不會納入分析；若這一天需要納入分析或預測，則設為「false」。如果每一天都要納入分析，那麼可以不加入此欄
疊加資料	以除了「date」、「timestamp」、「skip」、「target」之外的任意名稱命名，例如我用「in_semster」來表示是否是在學期中。資料格式必須是類別變項（nominal），也可以是「true」跟「false」這種二元變項，但是 Weka 在預測的時候會將之視為類別變項
觀察值與預測目標	以「target」命名。資料格式必須是連續變項（numeric）。最後要預測的日期對應的「target」請寫入「？」，表示這是等待預測的欄位

■時間序列分析步驟

【步驟 1】 備妥 CSV 試算表資料，此處以上例所輸入的資料為分析對象，從提供的數據檔中找出 arima.csv。

【步驟 2】 試算表轉換成 ARFF。可利用下列網址完成：

https://pulipulichen.github.io/jieba-js/weka/spreadsheet2arff/

　　請在上面的轉換工具中上傳 arima.csv 資料，透過網頁程式的轉換，取得以下 4 種資料：

- 下載訓練集資料：按一下「Train Data Set」按鈕下載，你會得到「train_set-⋯」開頭的 ARFF 檔案。
- 複製向前預測步數：複製 Number of time units to forecast 欄位的數字。
- 下載略過資料：按一下「Skip List」按鈕，下載名為「skip_list-⋯」的 txt 文字檔，或是在 Skip list preview 欄位中複製資料。
- 下載疊加資料：按「Periodic」按鈕下載，你會得到「periodics_set-⋯」為檔案名稱開頭的檔案。

【步驟 3】　train data 自動載入到 Weka 的畫面。

【步驟 4】 按一下「Edit」，即出現所載入的數據，共有 166 筆資料。

No.	1: year_ Numeric	2: month_ Nominal	3: date_ Nominal	4: class Numeric
148	1998.0	Apr	Apr-98	96.2
149	1998.0	May	May-98	91.7
150	1998.0	Jun	Jun-98	116.4
151	1998.0	Jul	Jul-98	120.1
152	1998.0	Aug	Aug-98	129.9
153	1998.0	Sep	Sep-98	138.3
154	1998.0	Oct	Oct-98	152.7
155	1998.0	Nov	Nov-98	112.9
156	1998.0	Dec	Dec-98	95.5
157	1999.0	Jan	Jan-99	84.5
158	1999.0	Feb	Feb-99	71.9
159	1999.0	Mar	Mar-99	107.8
160	1999.0	Apr	Apr-99	123.0
161	1999.0	May	May-99	109.9
162	1999.0	Jun	Jun-99	105.8
163	1999.0	Jul	Jul-99	99.9
164	1999.0	Aug	Aug-99	86.3
165	1999.0	Sep	Sep-99	84.6
166	1999.0	Oct	Oct-99	86.2

Viewer — Relation: train_set-arima

Add instance   Undo   OK   Cancel

下方為測試資料，Weka 選出 3 筆，作為測試之用。

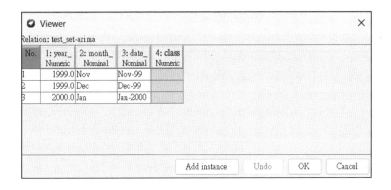

【步驟 5】 點一下「Forecast」頁籤，進入基本設定。

- Number of time units to forecast：輸入從上面得到的向前預測步數設定，此處輸入 3。

- Periodicity：依照你的日期資料，選擇每天（Daily）或每小時（Hourly）或每年，此處輸入 yearly。

- Skip list：貼上略過資料的內容，此處是無。

- Perform evaluation：打勾，這樣才會顯示評估結果。

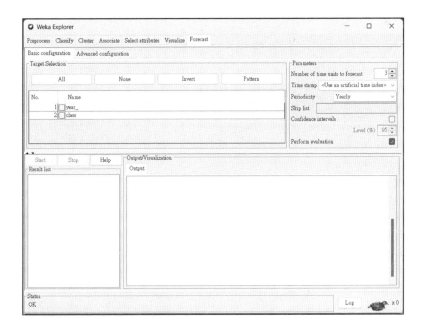

【步驟 6】　按一下「Advanced configuration」，出現如下畫面。

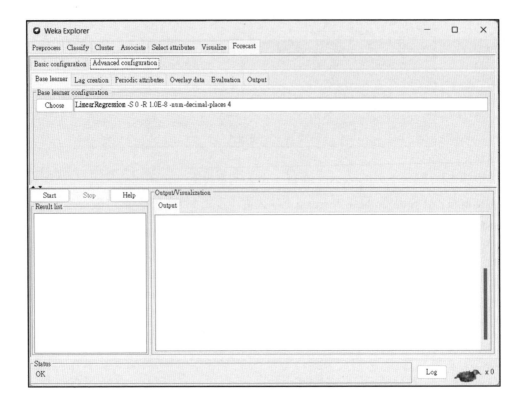

【步驟 7】　畫面出現的是線性迴歸，接著，按一下「Choose」，在 Weka 下方
　　　　　　的 functions，有常用的 3 種運算方法。

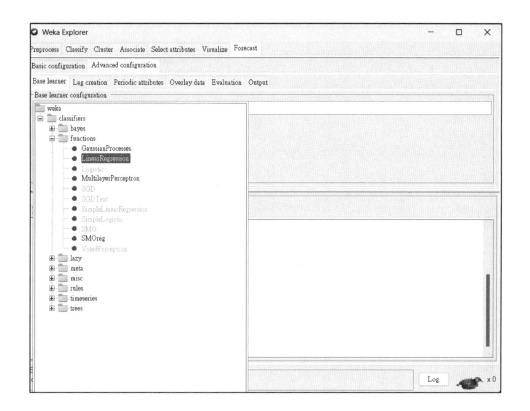

- 線性迴歸 LinearRegression：以統計的多元迴歸預測的預測演算法，是迴歸預
  測的基本做法。
- 類神經網路預測（多層感知器）Multilayer Perceptron：現今人工智慧、深度學
  習爲基礎的多層感知器。如果能夠仔細調教隱藏層的神經網路結構，理論上
  可以做到最佳預測。
- 支持向量機迴歸 SMOreg：支持向量機的迴歸版本，它使用核技法（kernel
  trick）將非線性呈現的資料轉換成容易區隔的分布。支持向量機演算法的特色
  是計算速度快、預測成效也挺不錯的。

【**步驟 8**】　在「Output」頁籤中，將「Graph target at steps」打勾，「Target to graph」改成「class」。如此 Weka 會顯示向前預測 1 步的圖形。

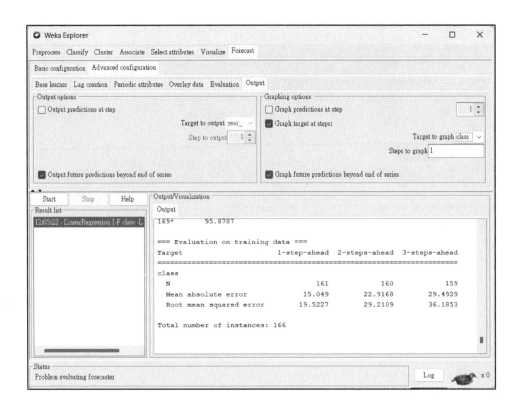

【**步驟 9**】　按下下方的「Start」之後，右下角的「Output/Visualization」就會顯示 3 個頁籤，包括「Output」（文字報表）、「Train pred. at steps」（訓練預測結果）以及「Train future pred.」（預測未來）。

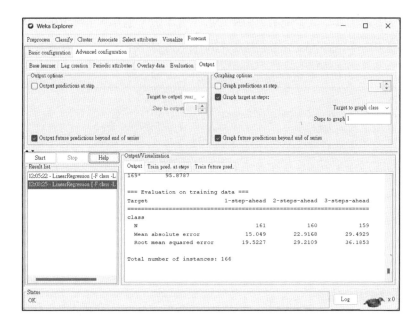

【步驟 10】點選「Output」。Output 是以文字輸出完整報表，其中，日期後面有「*」標示的就是預測結果。

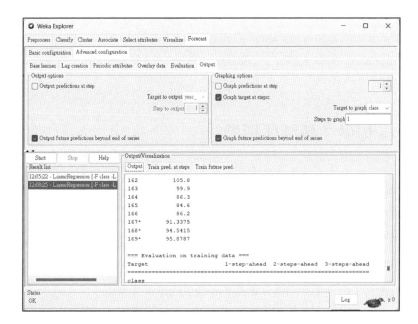

往下方移動出現評估預測殘差值（MAE）：數字愈小，表示預測的愈準確。但是數字太小，可能是表示過度擬合（overfitting）。

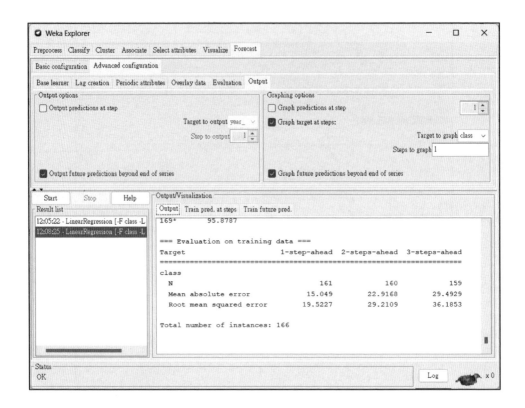

8.3 Weka 提供 7 種評估指標

預測殘差值可以用來比較不同預測結果之間的優劣，Weka 提供 7 種評估指標，包括：

(1) 絕對標準誤差 Mean absolute error (MAE)：sum(abs(predicted - actual))/ N。

(2) 絕對平方誤差 Mean squared error (MSE)：sum((predicted - actual)^2)/ N。

(3) 開根平均平方誤差 Root mean squared error (RMSE)：sqrt(sum((predicted

- actua)^2)/N)。

(4) 平均絕對誤差百分比 Mean absolute percentage error (MAPE)：
sum(abs((predicted - actual)/actual))/N。

(5) 方向精度 Direction accuracy (DAC)：count(sign(actual_current - actual_previous) == sign（pred_current - pred_previous))/N。

(6) 相對絕對誤差 Relative absolute error (RAE)：sum(abs(predicted - actual))/sum(abs(previous_target - actual))。

(7) 相對開方誤差 Root relative squared error (RRSE)：sqrt(sum((predicted - actual)^2)/N)/sqrt(sum(previous_target - actual)^2)/N)。

【步驟 1】　點一下「Train prediction at steps」。

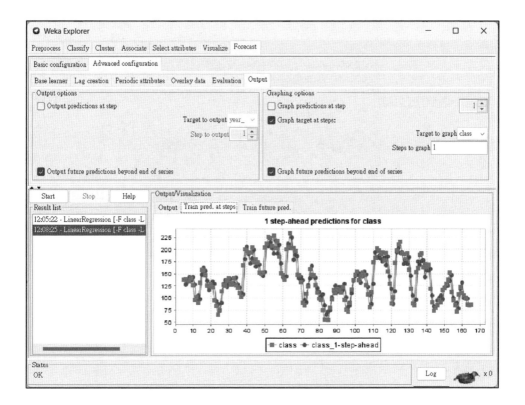

　　在訓練資料的預測結果中可以看到時間序列的折線圖。圖中以方塊圖形表示的 class 是觀測值的成效；以圓形圖形表示的 class 則是期望結果的成效。若方塊 class 曲線很貼近圓形 class 曲線，表示預測效果準確。不過若跟圓形 class 曲線一致的話，就有可能是過度擬合的情況。此時，應增加模型的複雜度。

【步驟 2】　點一下「Train future prediction」。

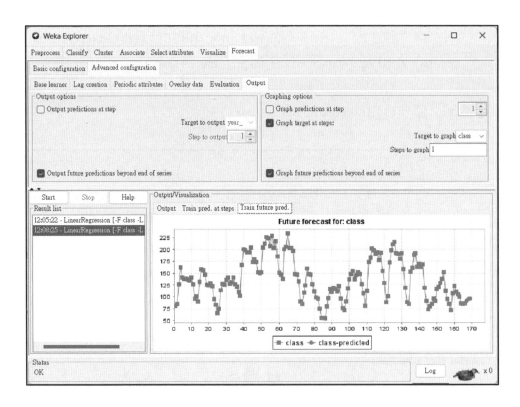

【步驟 3】 將運算方法改成 Multilayer Perceptron，所得結果如下圖所示。

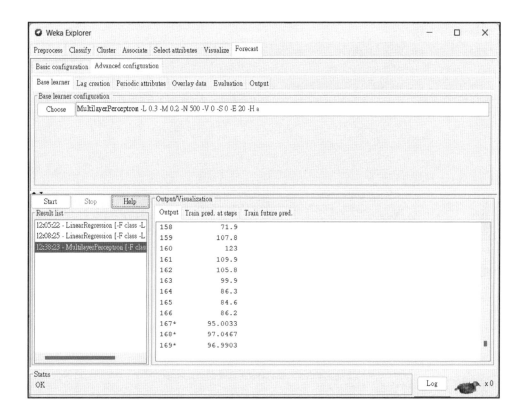

【步驟 4】 將運算方法改成 SMOreg，所得結果如下圖所示。

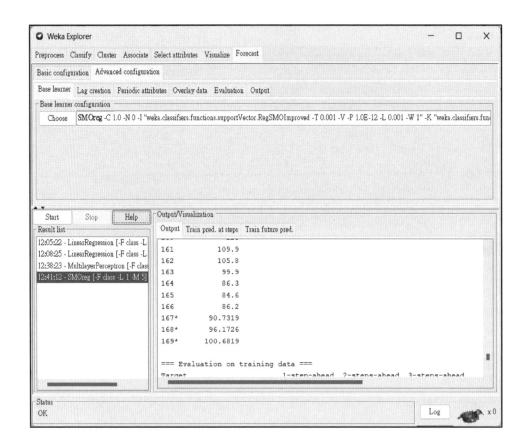

比較 3 種方法，何者較優？難以論定。儘管如此，比起直接茫然地面對未知的未來，透過上述做法，利用 Weka 快速產生預測值，可以讓你在決策時獲得更多判斷的參考依據。只要有幫助，就算得上一個好方法。

第9章 「實踐篇」：使用 Weka 的各種例題

本章內容

9.1 將 Weka 的數據集寫成「CSV 格式」

9.2 使用 Weka 在 web 上公開的數據集

9.3 使用 Weka 須知

9.4 各種例題使用 Weka

9.5 Fisher 的 Iris

9.1 將 Weka 的數據集寫成「CSV 格式」

使用步驟如下。

【步驟 1】　開啓 Weka，點選「Workbench」。

【步驟 2】　從「Preprocess」開啓「Open file」，出現 .arff 檔案格式，點選「Iris. arff」，按「開啓」。

【步驟 3】 點一下「Edit」，帶出內建的 Weka 數據。

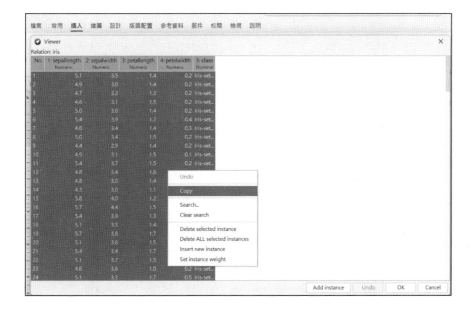

【步驟 4】 按 Ctrl＋A，即全選數據後按右鍵，點選「Copy」。

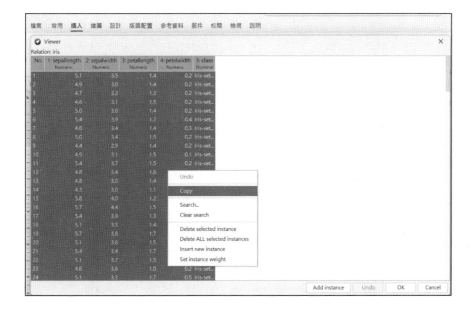

【步驟5】 開啓「Excel」，將數據貼上。

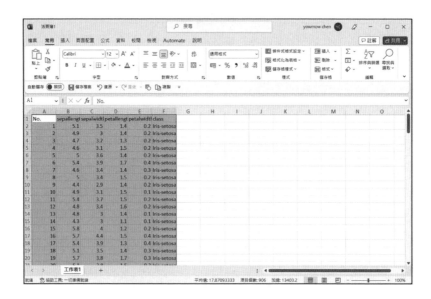

【步驟6】 另存新檔，檔案類型選擇 CSV UTF-8（逗號分隔）（*.csv），儲存位
置此處選擇桌面的文件，檔名爲 Iris。

【步驟 7】　得出如下的 Iris.csv 的數據檔。

9.2 使用 Weka 在 web 上公開的數據集

使用步驟如下所示：

【步驟 1】　在網路上搜尋「Dataset Weka wiki」。

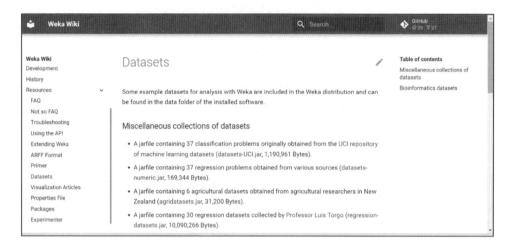

【步驟2】 按一下「UCI repositoy」（保管庫），變成「UCI」畫面。

　　*「arff 形式」是「attribute relationship file format」縮寫，是 Weka 主要的
檔案格式。

【步驟3】 點一下「view all set」，至目前爲止總共有 622 筆，找出檔名爲
　　　　　「Breas Tissue」（乳房組織），是醫療方面的數據，此處練習數據
　　　　　的開啓。

	Breast Cancer Wisconsin (Prognostic)	Multivariate	Classification, Regression
UCI	**Breast Tissue**	Multivariate	Classification
UCI	**Breath Metabolomics**	Multivariate, Time-Series	Classification, Clustering
UCI	**BuddyMove Data Set**	Multivariate, Text	Classification, Clustering
UCI	**Buzz in social media**	Time-Series, Multivariate	Regression, Classification

以下也可找出相同檔案。

Index of /ml/machine-learning-databases/00192

- Parent Directory
- BreastTissue.xls

Apache/2.4.6 (CentOS) OpenSSL/1.0.2k-fips SVN/1.7.14 Phusion_Passenger/4.0.53 mod_perl/2.0.11 Perl/v5.16.3 Server at archive.ics.uci.edu Port 443

【步驟4】 點選「Breas Tissue.xls」，開啓後存檔於文件中。數據集傳送到「Excel」。按「description」，帶出以下畫面。

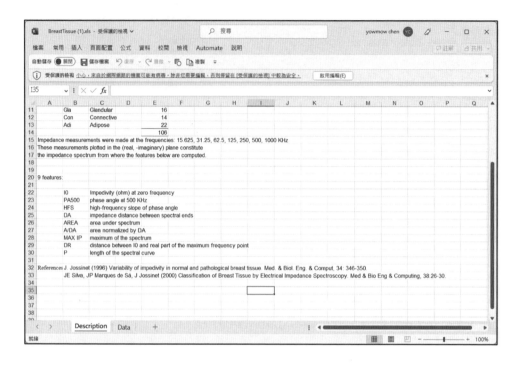

按「data」帶出以下畫面。

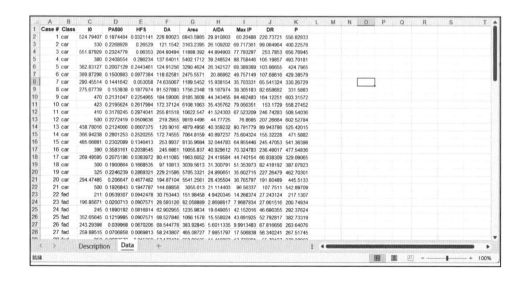

9.3 使用 Weka 須知

Weka具有數項功能，可從「Weka GUI Chooser」呼叫出功能，如下圖所示。

■ **Explorer（探索）**

最常使用的功能就是「Explorer」。以對話視窗的方式安裝有機器學習的相關方法，說明如下。

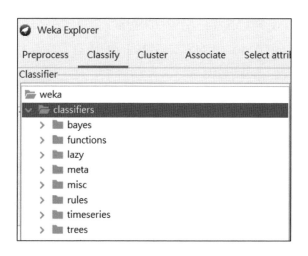

1. bayes（**Baysian Network**）

貝氏網路是從複雜的因果關係，尋找最終結果的原因是什麼的方法（相當於多變量分析的因素分析方法）。

2. functions

這是將泛用的機器學習的代表性方法整理而成。

• SMO（SVM: Support Vector Machine）

識別問題用有老師的機器學習方法，可以認識模型。

• Gaussian Processes

可以處理連續時間的機率過程。

• Linear Regression（線性迴歸）

• MultilayerPerceptron（MLP：多層感知器）

使用反傳播法的類神經網路。

• Vote Perceptron（Kernel Perceptron）

進階方法，利用稱爲 Kernel 連結，可以執行較難的識別。

3. Lazy

稱爲懶惰學習，計算是直到分類結束前往後推延。

• IBK：K 鄰近法（K-nearest neighbor）將物件的數據分成 K 個的機器學習。

• LWL：使用線性後退等讓識別力提高的機器學習。

• KStar：使用 Entoropy-based 的距離歸納進行的機器學習。

4. meta

進行高次元識別時的機器學習。

5. misk

在訓練數據之間影射時的機器學習。

6. rules

進行決策樹的決策表的大多數分類時的機器學習。

7. trees

決策樹的機器學習。

■ Weka 的主成分分析與因素分析

「主成分分析」「因素分析」在統計分析中的多變量分析占有相當重要的地位。Weka 也安裝有進行「主成分分析」「因素分析」的方法。可是，他們位於何處，就此加以解說。

- 主成分分析：輸入數據後，按 choose ➡ filter ➡ unsupervised ➡ attribute ➡ Principal ccomponent
- 從 classify ➡ choose ➡ trees ➡ Decision Stump
- 因素分析（各因素萃取）：classify ➡ meta ➡ Additive（附加）Regression

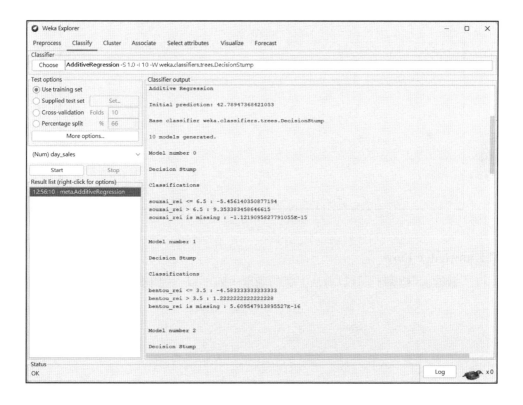

「Model Number 0」 ➡「第 1 因素」

「Model Number 1」 ➡「第 2 因素」

「Model Number 2」 ➡「第 3 因素」

......

■ Experimenter（實驗）

對於數個數據，進行比較實驗時可以使用。

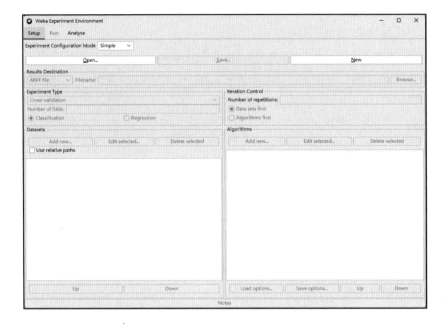

■ Knowledge Flow

「數據」「檔案」「計算方法」等的處理，如下以一連串的流程去確認。

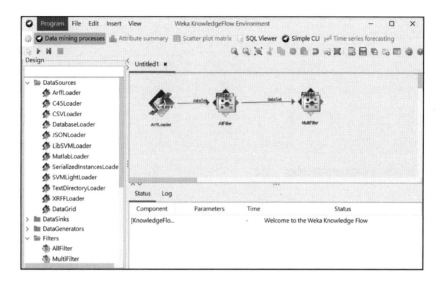

■ Workbench

Workbench 是作業台之意，利用下面的頁籤連繫性的進行作業時，非常方便。下圖是 Explorer 的例子，1 個數據可以從各種的觀點檢討方法。

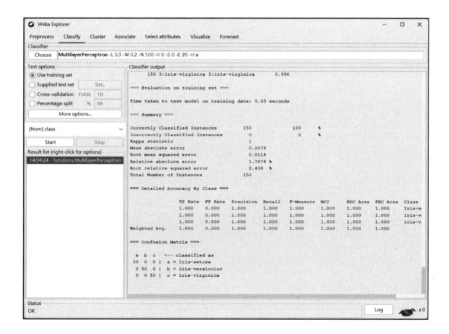

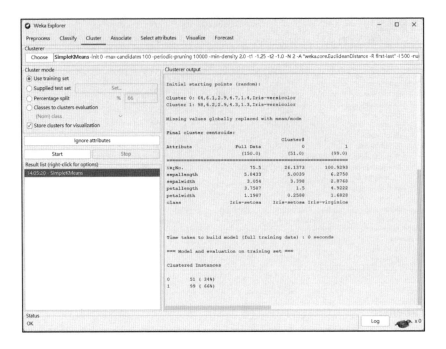

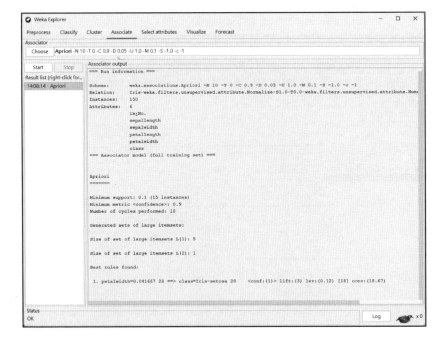

■ Simple CLI Command Line Interface

指令型操作介面。

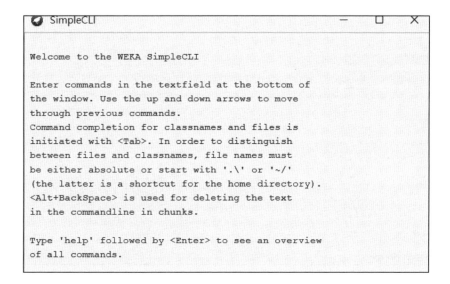

■ Weka GUI Chooser

從 tool ➡ Package manager。

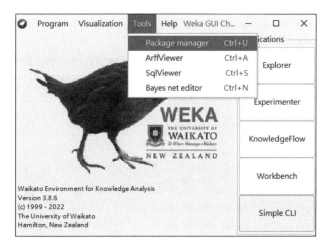

出現以下可用的套件。

9.4 各種例題使用 Weka

■ 氣象預測

【步驟 1】　Preprocess ➡ open file ➡ Weka 3.8.6 ➡ data ➡ weather.numeric.arff。
　　　　　點選之後，按「開啓」，再按「edit」，確認數據載入。

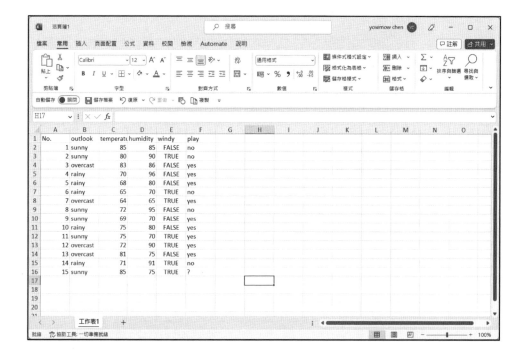

【步驟2】 全選數據後，開啓 Excel 再貼上，第 15 列，如下輸入，按「另存新檔」，檔名取成「weather」，儲存類型選擇 CSV UTF-8（逗號分隔（*.csv）。按「儲存」。

【步驟 3】 點選 Classify 頁籤 ➡ choose ➡ Weka ➡ functions ➡ Multilayer Perceptron。

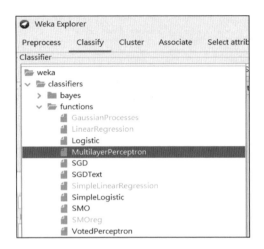

【步驟 4】 Test option 選擇 Use training set，點一下「more options」，將 choose 的 null 改成 Plain Text。按「OK」。

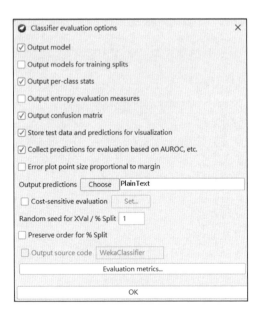

【步驟5】 按「Start」，出現預測結果。

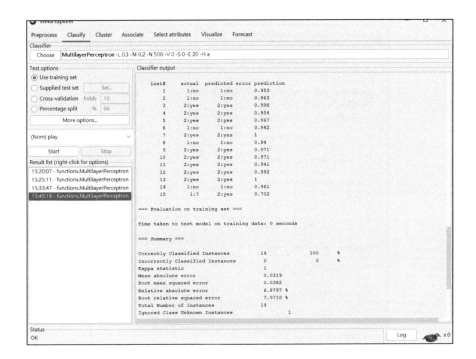

■ 預測結果

　　天氣是 sunny，溫度是華氏 85 度，溼度是 75%，有風的狀態下，玩高爾夫球是可以的。這即是得出的預測結果。

【步驟6】 choose 旁的 Multilayer Perceptron 的文字上按一下，彈出視窗，點一下「Show properties」。

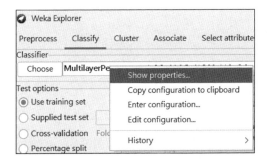

【步驟 7】 將 GUI 右方改成 True，其他值保持不變。按「OK」。

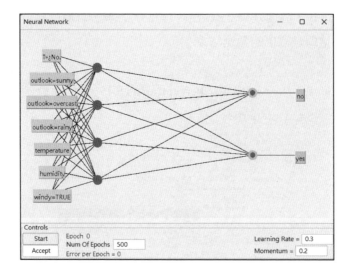

【步驟 8】 出現類神經網路圖。

■ 決策樹模型的確認

【步驟 9】　在 choose 旁選擇「J48」。

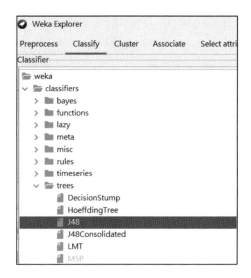

【步驟 10】按「Choose」旁出現 show properties，出現如下視窗，將 binarySplits 改成 False，即出現如下樹狀結構圖形。

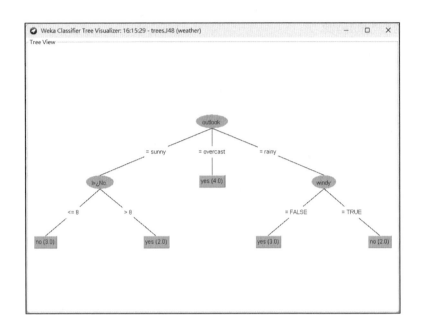

■「癌」是否再發？

　　有報導說現代人每 3 人就有 1 人得癌症，這並非他人之事的話題。此處，使用此癌症之中的乳癌患者（breast cancer）所公開的實驗數據（Weka 的數據集），人工智慧能做什麼，加以解說。此處，最初使用「MLP」（Multilayer Perceptron：多層感知器），之後利用 k-NN 法（K- 近鄰演算法，k-nearest neighbor）計算看看。Weka 的「classifier」（分類）中的「lazy」含有「IBk」，它就是「k-NN 法」。「lazy」是懶惰之意，先進行分類，計算被延後的機器學習，也稱為懶惰學習。

數據的位置是：Weka9.8.6 ➡ data ➡ breast cancer。

以 arff 格式在 Weka 中讀取也行，但複製及貼在 Excel 在加工也行，變數的年齡之處是 50~59。下圖是在 Weka 讀取檔案後按一下「Edit」得出的。

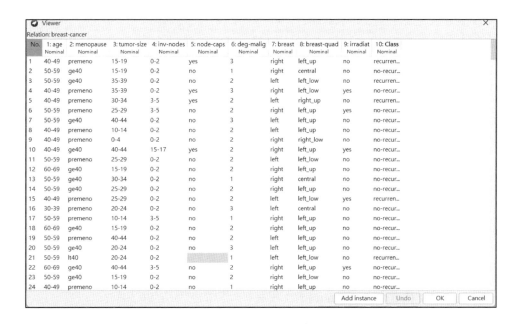

發覺數據之中有遺漏值，形成灰色，僅管數據收集不到，但 Weka 也能執行計算。

■ 計算步驟

以 Preprocess 讀取數據，接著按一下「Classify」頁籤 ➡「Choose」按鈕 ➡「function」➡「Multiprocess Perceptron」➡「Test options」選「Use training set」。

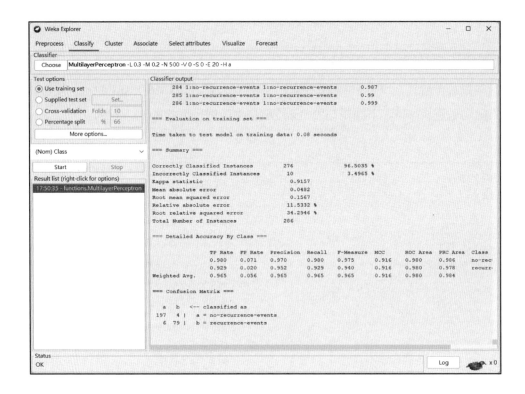

從實驗數據的受試者來看：

1. 「Correctly Classified Instance」：正確被認識的機率是 96.5035%。

2. 「統計量（Cohen 的一致率）」：0.9157。

3. 「Confusion Matrix（加入審判後混合的判定結果）」：如下表，「a 審判」從受試者數據之中有 276 人再發的機率是 96.5035。

統計量是 0.9157，最大是 1、2 位審判的判定的一致率可以說是很高的。

Confusion Matrix（混合矩陣）

		a（no：**無再發**）	b（yes：**再發**）
實際觀察值	a（No 的判斷）	197	4
	b（Yes 的判斷）	6	79

　　人工智慧現時點已應用在許多的領域中，將輸入數據或分析模型與決策樹並用，一面嘗試錯誤，即可找出最合適的方法與解。

　　點選「show properties」，將 GUI 改成 True，再按「執行」，然後，在 result list 的下方按右鍵出現 visualize tree。即出現網路圖，中間層（隱藏層）增加很多地再學習。

■ **k-NN 法**

數據與先前的相同，使用 Weka 的 arff 形式的檔案。

「Classify」→「Choose」→「Weka」→「classifier」→「lazy」→「IBk」（此即為 k-NN 模型）

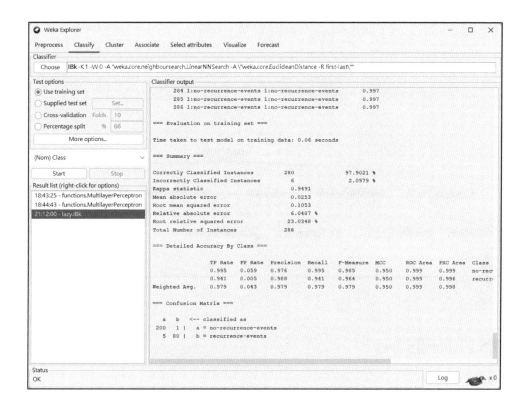

右鍵按「Tree View」，點選「auto scale」，成為下圖。於圖中任一位置按滑鼠左鍵一面滾動，即可調整圖的位置。

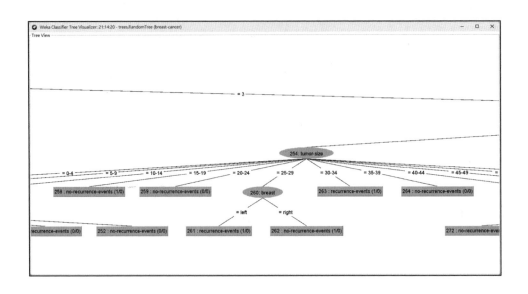

9.5 Fisher 的 Iris

　　此處說明決策樹的使用方法。Fisher 的 Iris 數據，統計學者、生物學者、生態學者等進行各種的實驗時爲了比較驗證它的成果，即使現在也被許多人使用。鳶尾花（Iris）的數據有 3 種：setosa、versicolor、virginica，由 sepal length（花萼）長度、sepal width（花萼寬度）、length petal（花瓣長度）、petal width（花瓣寬度）4 個測量值與品種（species）所構成。Fisher 是推論統計學的始祖，同時是生物學家，在遺傳學頗負盛名。

　　此處使用 arff 形式的檔案，共有 150 筆資料。

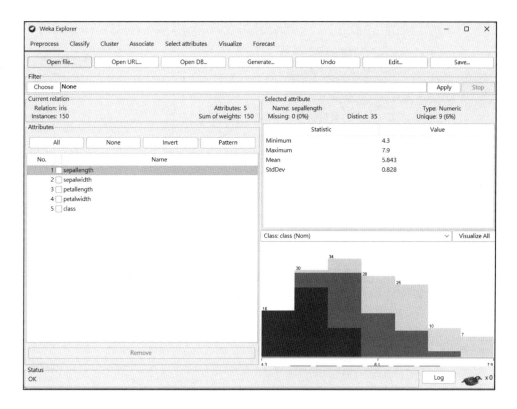

　　也可利用Excel製作檔案，從Edit中開啓arff數據檔。按Ctrl＋A即可全選，接著，開啓Excel，然後，貼上。

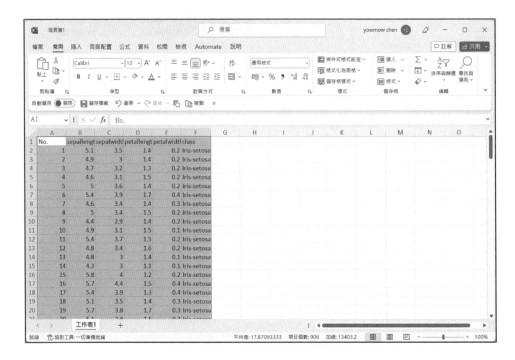

其次以相同檔名以 Excel 的 CSV 格式儲存。

從「Preprocess」頁籤的「Open file」讀取以 CSV 形式儲存的檔案（Iris. csv），其次點選「Classify」頁籤，按一下「Choose」，從「Weka」➡「function」➡「trees」➡「J48」（或「random tree」）。

按一下「Visualize」頁籤，即可以視覺的方式表示相關係數的圖形。所有的類型都自動計算，不需要輸入各種的條件。圖的大小，在左側中央有「Plotsize」、「Pointsize」的滑動軸，以滑鼠移動後，一定要按「update」按鈕。

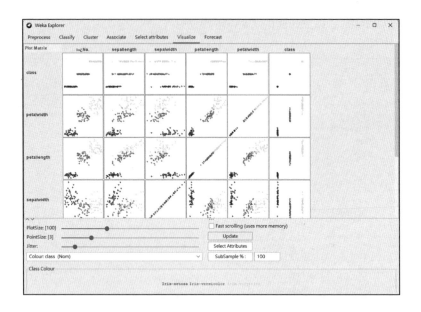

接著，回到「Classify」頁籤，在 result list 的最下方右鍵按一下，點選「Visual tree」。

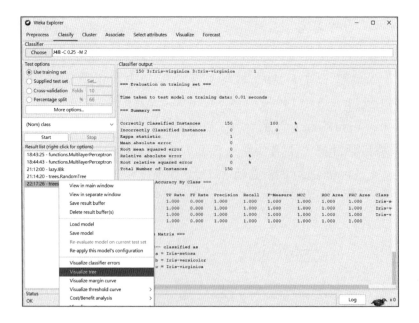

出現決策樹結構，如下圖所示。

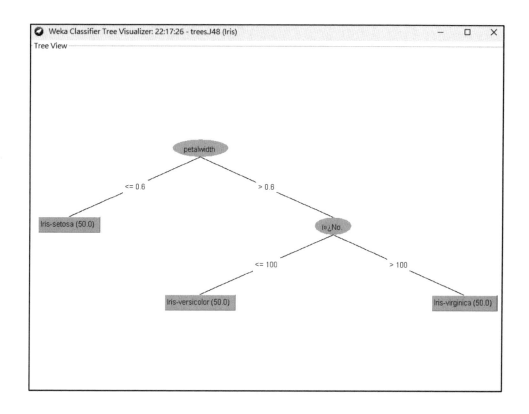

如果圖形並未出現時，只要按上方的「Start」，即可出現。接著，觀察結果。從圖的結果發現，機器學習是種類判別，在此次的數據中，花瓣寬度是以0.6為界來分類。

> 0.6 ➡「row name」（樣本號碼）超過 100 號者

➡ 可當作「vinginica」來識別

➡「row name」（樣本號碼）在 100 號以下者

➡ 可當作「versicolor」來識別

< 0.6 ➡ 當作「setosa」來識別

此樹形圖也可搭配下圖來觀察。

Weka Explorer — □ ×

Preprocess Classify Cluster Associate Select attributes Visualize Forecast

Open file...   Open URL...   Open DB...   Generate...   Undo   Edit...   Save...

Viewer ×

Relation: Iris

No.	1: T>¿No. Numeric	2: sepallength Numeric	3: sepalwidth Numeric	4: petallength Numeric	5: petalwidth Numeric	6: class Nominal
1	1.0	5.1	3.5	1.4	0.2	ris-set...
2	2.0	4.9	3.0	1.4	0.2	ris-set...
3	3.0	4.7	3.2	1.3	0.2	ris-set...
4	4.0	4.6	3.1	1.5	0.2	ris-set...
5	5.0	5.0	3.6	1.4	0.2	ris-set...
6	6.0	5.4	3.9	1.7	0.4	ris-set...
7	7.0	4.6	3.4	1.4	0.3	ris-set...
8	8.0	5.0	3.4	1.5	0.2	ris-set...
9	9.0	4.4	2.9	1.4	0.2	ris-set...
10	10.0	4.9	3.1	1.5	0.1	ris-set...
11	11.0	5.4	3.7	1.5	0.2	ris-set...
12	12.0	4.8	3.4	1.6	0.2	ris-set...
13	13.0	4.8	3.0	1.4	0.1	ris-set...
14	14.0	4.3	3.0	1.1	0.1	ris-set...
15	15.0	5.8	4.0	1.2	0.2	ris-set...
16	16.0	5.7	4.4	1.5	0.4	ris-set...
17	17.0	5.4	3.9	1.3	0.4	ris-set...
18	18.0	5.1	3.5	1.4	0.3	ris-set...
19	19.0	5.7	3.8	1.7	0.3	ris-set...
20	20.0	5.1	3.8	1.5	0.3	ris-set...
21	21.0	5.4	3.4	1.7	0.2	ris-set...
22	22.0	5.1	3.7	1.5	0.4	ris-set...
23	23.0	4.6	3.6	1.0	0.2	ris-set...
24	24.0	5.1	3.3	1.7	0.5	ris-set...

Add instance   Undo   OK   Cancel

第 10 章　貝氏網路模型

本章內容

10.1 使用數據 arff 形式的「weather」
（數值模型例）

10.2 支持向量機（Support Vector
Machine, SVM）中的 Kernnel
函數

10.3 Weka 的 Knowledge Flow

安裝 Weka 時，C 磁碟機的「Program File」的「Data」檔案是被一起安裝的數據集。以下尋找所需數據。

【步驟 1】 選擇「Preprocess」頁籤下方的「Open file」，出現如下畫面。

【步驟2】　按著「Program file」→「weka3-8-6」→「data」，選擇「weather. norminal.arff」。

【步驟3】 數據集中有「weather.normimal.arff」（左）與「weather.numeric. arff」（右）2個檔案。「norminal」是指像「hot、cool、mild」之類 的名義尺度。

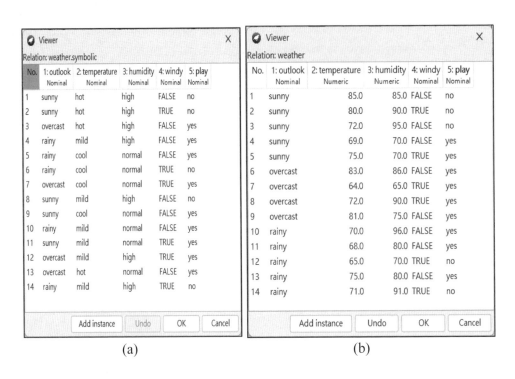

(a)　　　　　　　　　　　　　　　　(b)

此處選擇數值數據，使用有溫度（此處是華氏）。解析是針對打高爾夫球，觀察數據有「yes」與「no」。「yes」說明可以打高爾夫球，「no」是不能打。

依據這些數據，尋找「outlook」（天氣）、「temperature」（溫度，華氏）、「humidity」（溼度）、「windy」（風向）對高爾夫球有何關係，即為此處的模型。

10.1 使用數據 arff 形式的「weather」（數值模型例）

　　「Bayesian Network」稱爲貝氏網路。加入箭頭的圖稱爲貝氏網路，未加入箭頭的圖稱爲馬可夫網路（Markov Network）。貝氏網路中數據的「變數」（「溫度」、「溼度」等）有何種的關係，以機率的方式計算，可看出結果的方法。

　　(a)「Baysian Network」、(b)「Markov Network」都是同屬「圖形理論」的領域。可是，(a) 的「Baysian Network」是將變數間的因果關係以箭頭連結的網路（有權重的圖形），當作「事後機率模型」加以使用。

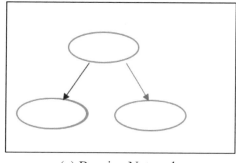 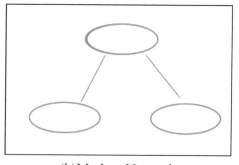

(a) Baysian Network　　　　　　(b)Markov Network

　　「Markov Network」是以不規則變化爲對象，是「機率模型」沒有箭線。在例題中爲了觀察決策樹的分類，「Test options」➡ 使用「Use training set」或是「Cross-validation」都行。

【步驟 1】 點選「Preprocess」，Open file 輸入「weather.numeric.arff」後，顯示如下畫面。

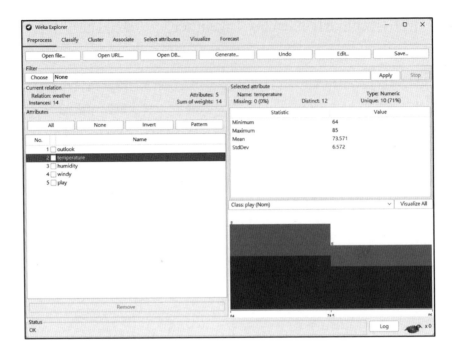

【步驟 2】 點選「Classify」，從「choose」➡「bayes」➡「BayesNet」。

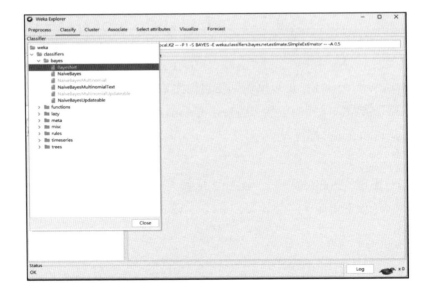

【步驟 3】　點一下「more options」，從 Choose 將 Null 改成 Plain Text。按
　　　　　　「OK」。

【步驟 4】　於 Choose 旁按一下「show properties」，出現如下視窗。

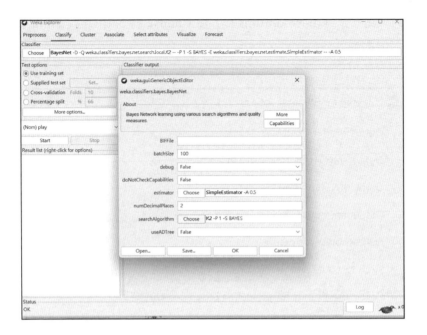

【步驟 5】 從下方的 estimator 按 Choose 選擇「SimpleEstimator」，從 search
　　　　　Algorithm 按 Choose 選擇 Genetic Search，按「OK」，接著按
　　　　　「Start」。

【步驟6】　於 Result list 下方藍色處右鍵按一下，出現計算結果。

【步驟7】　右鍵按一下藍色部分選擇「Visualize graph」。

【步驟8】 出現如下圖形。

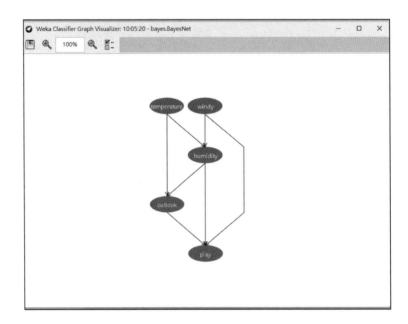

【步驟9】 於圖的 play 點一下，出現小視窗。

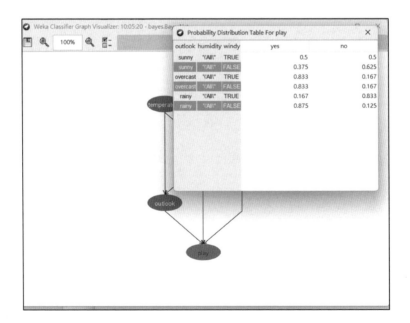

從此結果，知「temparature」（溫度，華氏）、「humidity」（溼度）、「windy」（風向）對高爾夫球有影響，顯示對能否打高爾夫球呈現出因果關係。尤其「windy」（風向）對打高爾夫球有直接關係，發生的機率（貝氏機率值），數值最大是 1。

【步驟 10】若「search Algorithm」選擇「LAG HillClimber」，按「OK」。

weka.gui.GenericObjectEditor	✕

weka.classifiers.bayes.BayesNet

About

Bayes Network learning using various search algorithms and quality measures.

More

Capabilities

BIFFile	
batchSize	100
debug	False ⌄
doNotCheckCapabilities	False ⌄
estimator	Choose	SimpleEstimator -A 0.5
numDecimalPlaces	2
searchAlgorithm	Choose	LAGDHillClimber -L 2 -G 5 -P 1 -S BAY
useADTree	False ⌄

Open...	Save...	OK	Cancel

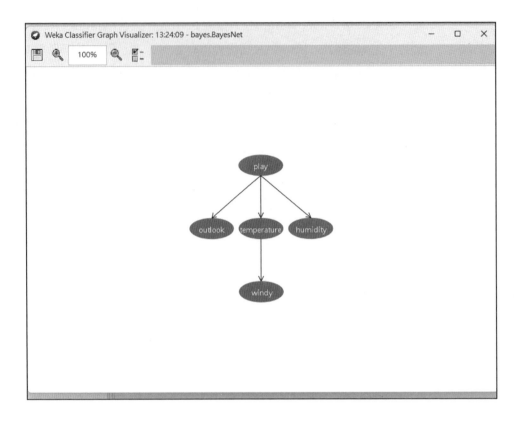

　　出現上圖。步驟8的圖，從「Play」來說，顯示「天候」（outlook）與「風向」（windy）對「溼度」有影響，溫度毫不影響。

　　步驟9的圖中，「溫度」與「風向」有因果關係，但在步驟8中的圖中，「溫度」與「風向」在因果關係上是並排的，當涉及溼度時對風向會有影響。

10.2 支持向量機（Support Vector Machine, SVM）中的 Kernnel 函數

　　SVM 在 Weka 中會將輸入的數據自動的分開成學習數據與測試數據，對測試數據來說有非常高的識別而受到矚目的方法。特別是與 SVM 組合使用的

Kernel 函數，使用「顯像變換方法」在變數甚多時可發揮威力。此處的模型例，變數甚少，調查精度能發揮多少為目的計算看看。

使用數據是月間銷售，對 No17 的銷售進行預測。

	A	B	C	D	E	F
1	No	parking	area	alcohol ratio	single generation	sales
2	no1	10	45	40	1450	1500
3	no2	5	35	30	1150	1200
4	no3	7	35	30	1250	1300
5	no4	3	32	20	980	1000
6	no5	8	40	35	1352	1400
7	no6	5	35	30	1123	1200
8	no7	5	40	40	1332	1400
9	no8	2	30	20	895	900
10	no9	4	32	30	1176	1100
11	no10	5	35	30	1153	1200
12	no11	4	32	25	1065	1100
13	no12	3	32	20	982	1000
14	no13	3	32	20	985	1000
15	no14	6	35	35	1258	1300
16	no15	8	40	40	1356	1400
17	no16	10	45	40	1367	1500
18	no17	5	35	30	1100	1200

先以 MLP 計算，所得結果如下。

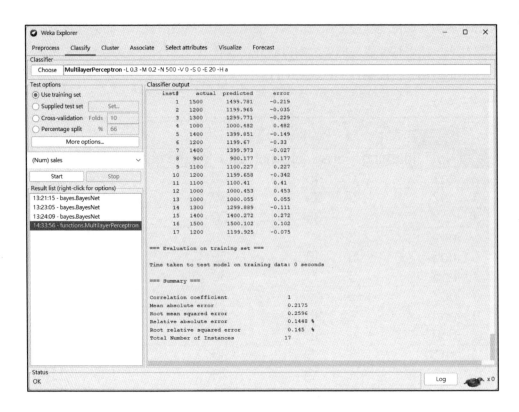

出現 1200 − 1199.925 = 0.075（誤差）。

其次，使用另一方法 SMOreg 進行觀察。

【步驟 1】 從 Choose 選擇「SMOreg 演算法」，如下圖所示。

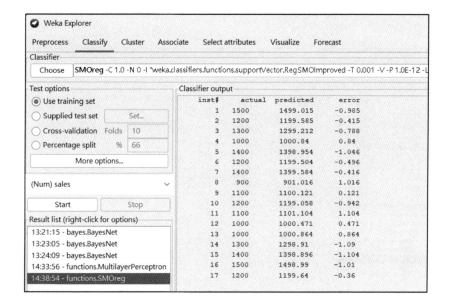

【步驟2】 在 Choose 旁按一下點選「show properties」，出現如下視窗。從
kernel 的 Choose 選擇「RBFKernel」。

【步驟 3】　按「Start」，得出如下結果。

使用 SVM-kernel 函數的計算結果如下：

　　出現的誤差是 1200 − 1200.297 = 0.297。

計算結果，使用 MLP 的誤差是 0.075，使用 SVM 的誤差是 0.297，似乎 SVM 的誤差大，但變數增多後，精度會提高。Kernel 函數與 SVM 一起使用的居多，不受限 MLP 或 SVM，Weka 也提供許多其他方法，不妨試試。

10.3　Weka 的 Knowledge Flow

Weka 的最初畫面有「Knowledge Flow」，從讀取數據到輸出計算結果，將過程中的各種檔案可當作元件來處理。

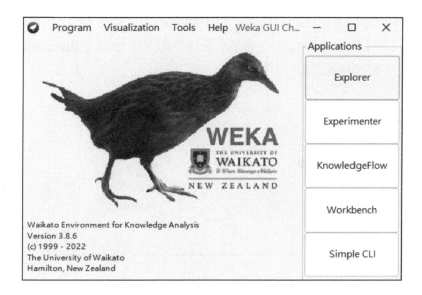

【步驟 1】 點一下左側的 Design 下方的 Data Sources，出現要選取 .csv 或是 .arff
檔案。

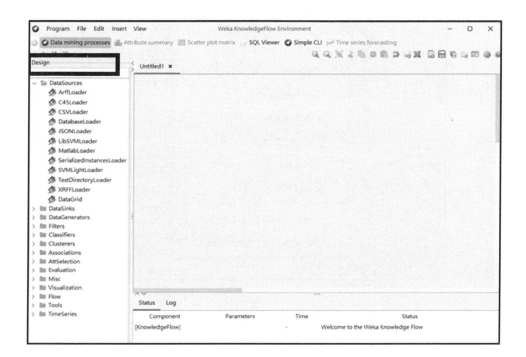

【步驟 2】 按住 CSV Loader 移到灰色的繪圖區中按一下再放開。想對數據加入標準化的過濾器時，從 Filters 中譬如選擇 Multi Filter 後按住滑鼠拖移至繪圖區按一下放開。

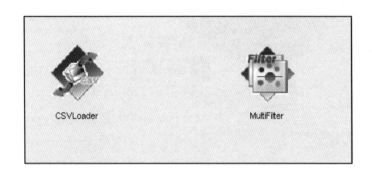

【步驟 3】 在圖像上右鍵按一下，再按一下「Configure」。

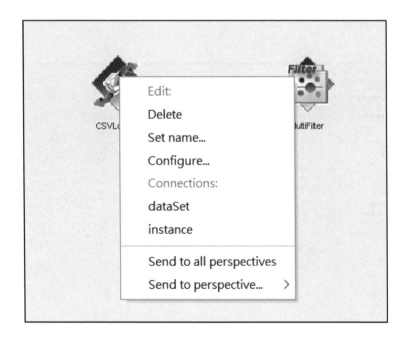

【步驟 4】　出現如下視窗，從 Browse 中找出檔案。

CSVLoader options	✕

About
Reads a source that is in comma separated format (the default). ［ More ］

bufferSize	100
dateAttributes	
dateFormat	yyyy-MM-dd'T'HH:mm:ss
enclosureCharacters	","
fieldSeparator	,
missingValue	?
noHeaderRowPresent	False
nominalAttributes	
nominalLabelSpecs	0 java.lang.String
numericAttributes	
stringAttributes	
useRelativePath	False

Filename　C:\Users\yowmo\Desktop\shop sales.csv　［ Browse... ］

OK	Cancel

【步驟 5】　在圖像按一下 4 個角出現藍色的點。右鍵按一下圖像時，出現如下
　　　　　　的清單。點選「dataSet」。

【步驟 6】　出現連結線，即可連結圖像。

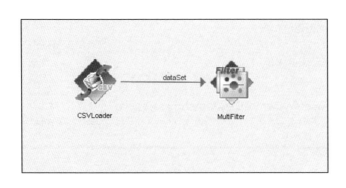

第 11 章　Weka API

本章內容

11.1 Weka 的檔案結構

11.2 Weka 重要套件

11.1 Weka 的檔案結構

Weka 是利用 Java 開發的，因此也擁有封裝（encapsulation）、繼承（inheritance）以及多型（polymorphism）等特性。好處有：

(1) 封裝，可以依目的利用方法將屬性包圍起來構成物件，讓使用者就算不清楚物件的內部結構，也能運用它，而且提高了系統的獨立性，也能提高物件的重複使用率；

(2) 繼承，能讓子類別（subclass）無條件共同擁有父類別（parent class）的屬性與方法，且能延伸新的屬性與方法，做出更多的應用；

(3) 多型，目的在使物件具備高度的功能性，且使其在使用上更簡易，例如即使引用同名稱的類別也能清楚識別。

Java 的函式庫中有不少內建的 class，亦稱為 Java API（application program interface）。API 則是指程式之間具有特定規範的介面。而利用這些介面就可以引用其他程式來強化與協助系統的整體功能。Java API 中的類別（class）是被封裝在套件（package）中，當你要應用 API 中的 class 時，需指明 class 的完整名稱，即 package 名稱 + class 名稱，例如當你想產生隨機值時，可以用 java.lang. Math，其中，java.lang 是套件，Math.Random() 是屬於 java.lang 中的 class。Weka 是套開源系統，你也可以透過 API 與 get() 以及 set() 方法延伸與強化 Weka 的應用。

這裡作者想強調一下 get() 以及 set() 方法的基本觀念。物件導向語言基於安全性的考量，除了透過封裝，像是宣告 private、建立構造函數（constructor）外，get() 以及 set() 方法也是普遍應用的方式。get() 用來取值，Set() 則用來賦值。在 constructor 中的初始化屬性值也會用到。

Weka 安裝完成，你會在 C:\Program Files\Weka-3-8-6 看到如圖 (A) 的檔案結構，其中，data 資料夾中有內建的案例檔，如圖 (B) 所示；doc\weka 資料夾中，則能看到每個演算法都被封裝在 class 中，而相關的 class 則會被歸類在一個目錄中，也就是套件。我們可以從 Weka 的檔案結構中看出，套件是以結構

（hierarchy）圖形規劃而成如圖 (C) 所示，例如 tress 演算法是 classifier 套件的次套件，也同時代表著 Weka 系統中的次套件，如圖 (D) 所示。

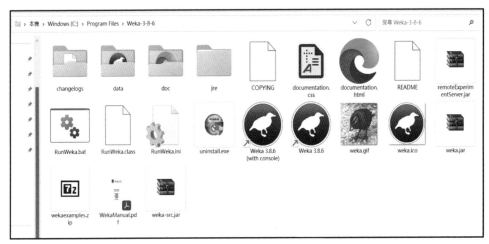

(A)

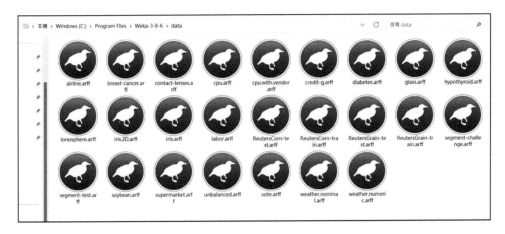

(B)

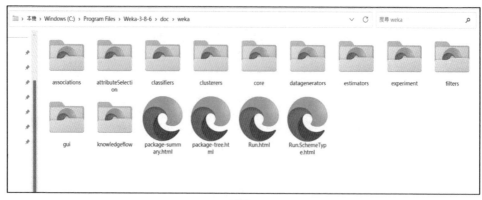

(C)

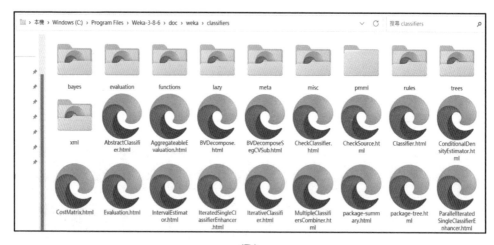

(D)

11.2 Weka 重要套件

　　一般而言，套件的主要功能是將外部的各式數據，與 Weka 內部的資料表示格式進行轉換，以解決數據的匯入與匯出的一致性問題。簡而言之，套件的目標是將系統無法理解的格式轉換成可以理解的格式。

　　weka.core 套件，是 Weka 系統的核心，主要提供底層的服務，且可以利用

與獲取其他類別的資訊。其主要的重要 class 有：

　　(1) weka.core.attribute 屬性，包含屬性的名稱、類型與值；

　　(2) weka.core.instance 實例，包含特定紀錄（row）的屬性值；

　　(3) weka.core.instances 實例，包含 header，或是 header + row 數據。

　　多數演算法都將數據集視為二維結構，因此就能與 weka.core 類別對應起來，如下圖所示。

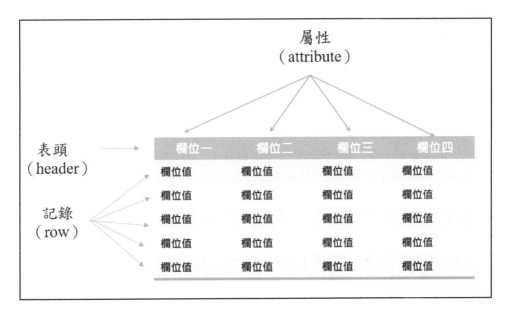

　　weka.classifier 套件，內含多數分類演算法的 class，abstractClassifier 是其主要的抽象 class，而抽象化（abstraction）將屬性和方法進行群組化。Weka 系統中的學習演算法都延伸了 abstractClassifier，且各演算法的 scheme 依其分類實例的方法重新定義了 abstractClassifier 中的主要方法有：BuildClassifier()、classifyInstance()、distributionForInstance()，abstractClassifier 則是繼承自 Classifier。下圖是一個簡略的階層示意圖。

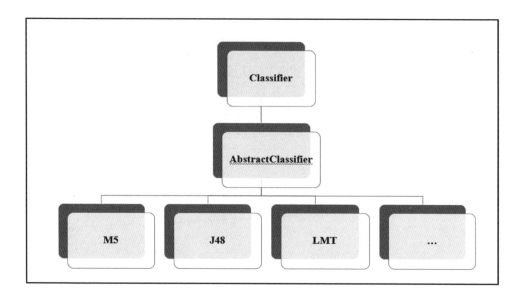

　　在 Java 中有 3 個主要的變數：(1) 區域變數；(2) 實例變數；(3) 類別 / 靜態變數。我們以一個 public class 例子來說明這些變數的關係。

語法：

```
<datatype> <variable_name>;
<datatype> <variable_name> = <initializing_value>;
```

例子：

```
public class Student {
    public string name;
    // name 是一個公有的實例變數，大家都能查詢
    private int grades;
    // grades 是一個私有的實例變數，只有自己與特定人能查詢
    public static String school;
    // school 是靜態變數，不是實例變數
}
```

最後，利用下表說明重要的套件功能。

套件功能說明

套件名稱	說明
Associations	關聯性規則演算法
AttributeSelection	屬性選擇演算法
Classifiers	分類演算法
Clusterers	聚類演算法
Core	提供核心服務
Filters	數據預處理，如過濾與轉換等
Estimators	數據分布估計
Datagenerators	數據產生器
Experiment	實驗
Gui	使用者操作介面
Knowledgeflow	工作流程

參考文獻

1. https://www.cnblogs.com/zlslch/p/6837894.html

2. https://medium.com/@bt2011aa/%E4%BB%A5weka%E5%B0%8D%E8%B3%
   87%E6%96%99%E9%9B%86%E9%80%B2%E8%A1%8C%E5%88%86%E7%
   BE%A4%E8%88%87%E5%88%86%E9%A1%9E%E5%88%86%E6%9E%90%-
   E4%B9%8B%E5%AF%A6%E4%BD%9C-36ba053b7f18

3. https://medium.com/@bt2011aa/%E4%BB%A5weka%E5%B0%8D%E8%B3
   %87%E6%96%99%E9%9B%86%E9%80%B2%E8%A1%8C%E9%97%9C%E
   8%81%AF%E5%BC%8F%E8%A6%8F%E5%89%87%E4%B9%8B%E5%AF
   %A6%E4%BD%9C-e7a87c2005a9

4. Ian H. Witten, Eibe Frank, Mark A. Hall and Christopher J. Pal: Data Mining — Practical Machine Learning Tools and Techniques, 4th Edition, 2016, Elsevier.

5. Jiawei Han, Micheline Kamber and Jian Pei: Data Mining — Concepts and Techniques, 2011, Elsevier.

6. 袁梅宇，數據挖掘與機器學習：WEKA 應用技術與實踐（第二版），清華大學出版社，2016。

國家圖書館出版品預行編目資料

機器學習入門──Weka／劉妘錚作. ──初
　版. ──臺北市：五南圖書出版股份有限公
　司, 2024.06
　　面；　公分
　ISBN 978-626-393-397-2 (平裝)

1.CST: 機器學習　2.CST: 資料探勘

312.831　　　　　　　　　　113007375

5R73

機器學習入門──Weka

作　　者 ─ 劉妘錚（345.7）

發 行 人 ─ 楊榮川

總 經 理 ─ 楊士清

總 編 輯 ─ 楊秀麗

副總編輯 ─ 王正華

責任編輯 ─ 張維文

封面設計 ─ 姚孝慈

出 版 者 ─ 五南圖書出版股份有限公司

地　　址：106台北市大安區和平東路二段339號4樓

電　　話：(02)2705-5066　　傳　　真：(02)2706-6100

網　　址：https://www.wunan.com.tw

電子郵件：wunan@wunan.com.tw

劃撥帳號：01068953

戶　　名：五南圖書出版股份有限公司

法律顧問　林勝安律師

出版日期　2024年6月初版一刷

定　　價　新臺幣300元

經典永恆・名著常在

五十週年的獻禮——經典名著文庫

五南，五十年了，半個世紀，人生旅程的一大半，走過來了。

思索著，邁向百年的未來歷程，能為知識界、文化學術界作些什麼？

在速食文化的生態下，有什麼值得讓人雋永品味的？

歷代經典・當今名著，經過時間的洗禮，千錘百鍊，流傳至今，光芒耀人；

不僅使我們能領悟前人的智慧，同時也增深加廣我們思考的深度與視野。

我們決心投入巨資，有計畫的系統梳選，成立「經典名著文庫」，

希望收入古今中外思想性的、充滿睿智與獨見的經典、名著。

這是一項理想性的、永續性的巨大出版工程。

不在意讀者的眾寡，只考慮它的學術價值，力求完整展現先哲思想的軌跡；

為知識界開啟一片智慧之窗，營造一座百花綻放的世界文明公園，

任君遨遊、取菁吸蜜、嘉惠學子！